Anton Stift

Die Krankheiten der Zuckerrübe

bremen
university
press

Anton Stift

Die Krankheiten der Zuckerrübe

ISBN/EAN: 9783955621124

Auflage: 1

Erscheinungsjahr: 2013

Erscheinungsort: Bremen, Deutschland

bremen
university
press

Die Krankheiten

der Zuckerrübe.

Nach den Erfahrungen der Wissenschaft und Praxis

bearbeitet von

ANTON STIFT,

Director-Stellvertreter der Versuchsstation des Centralvereines für Rübenzucker-Industrie in der Oesterr.-ungar. Monarchie.

Mit 16 farbigen lithographischen Tafeln.

WIEN 1900.

Verlag des Centralvereines für Rübenzucker-Industrie in der Oesterr.-ungar. Monarchie.

Druck von Johann N. Vernay.

Vorwort.

Die Veranlassung zur Entstehung vorliegender Broschüre gaben die Vorarbeiten der Versuchsstation des Centralvereines für Rübenzucker-Industrie für die Weltausstellung Paris 1900. In der Collectivausstellung der österreichischen Zuckerindustrie sollten über Auftrag des Regierungsrathes F. Strohmer auch die bisher bekannt gewordenen Krankheiten der Zuckerrübe in typischen, natürlichen Präparaten zur Ausstellung gebracht werden, welche Arbeit dem Verfasser übertragen und von diesem, auf Grund langjähriger Erfahrungen, durchgeführt wurde. Die zum Theil schon im Vorjahre begonnenen Präparirungen, welche von verschiedenen Fachmännern besichtigt wurden, haben nun den Wunsch nach einer zusammenfassenden, populären Beschreibung der Rübenkrankheiten hervorgerufen und wurde von Seite des Specialcomités der genannten Collectivausstellung Verfasser mit der ehrenden Durchführung dieser Aufgabe betraut.

Die Krankheiten der Zuckerrübe haben bis jetzt in der Literatur nur von Frank in seinem ausgezeichneten „Kampfbuch gegen die Schädlinge unserer Feldfrüchte" eine zusammenfassende Darstellung gefunden, doch musste dieselbe infolge des Umstandes, dass in diesem Buche auch die Krankheiten der anderen Feldfrüchte behandelt erscheinen, naturgemäss kurz sein. Eine eingehende Bearbeitung der Krankheiten der Zuckerrübe fehlt daher in der Literatur noch, so dass eine solche gewiss auch zeitgemäss erscheinen muss, umsomehr, als auf diesem Gebiete viele und wichtige Arbeiten erschienen sind, die sich zerstreut in der Literatur vorfinden und daher dem praktischen Landwirthe nur zum Theile zugänglich sind. Verfasser hat sich nun die Aufgabe gestellt, aus der ihm zugänglichen Literatur eine umfassende und zugleich auch chronologische Darstellung aller wichtigen Arbeiten auf dem Gebiete der Zuckerrübenkrankheiten zu geben, mit besonderer Berücksichtigung der Bedürfnisse der praktischen Landwirthschaft. Eine gleichsam historische Entwicklung der Ansichten

über die Krankheiten der Zuckerrübe ist, nach der Meinung des
Verfassers, sehr wichtig, denn sie lässt erkennen, in welcher Weise
eine bestimmte Krankheit bereits aufgetreten ist, wie sie sich vielfach
entwickelt hat und welche Ansichten über Entstehung, Verlauf und
Bekämpfung man früher und in der letzten Zeit geäussert hat. Schon
in früheren Jahren haben sich mit den Krankheiten der Zuckerrübe
viele und darunter namhafte Forscher und Praktiker, deren Namen
stets mit Ehren genannt werden, beschäftigt, und deren Ansichten
und Meinungen haben auch jetzt noch in vielfacher Beziehung Giltig-
keit. Es erscheint daher eine entsprechende Berücksichtigung sehr
wohl am Platz, denn gerade aus manchen älteren Ansichten, die unmittelbar aus der Praxis hervorgegangen sind, lässt sich Vieles erlernen, umsomehr, als sie auch jetzt noch vor dem Forum der neueren
Forschung sehr wohl bestehen können und daher für den Landwirth
von Wichtigkeit sind.

Verfasser hat sich nun bemüht, das umfangreiche Material
kritisch zu sichten und in den Rahmen einer geordneten Darstellung
zu bringen, mit Berücksichtigung der Bedürfnisse der praktischen
Landwirthschaft. Inwieweit ihm dies nun gelungen ist, unterbreitet
er dem Urtheile der Fachcollegen. Es wäre vielleicht wünschenswerth
gewesen, auf die Beschreibung der unterschiedlichen parasitären
Erreger der Rübenkrankheiten ein grösseres Gewicht zu legen, als
es in der Darstellung geschehen ist. Verfasser hat aber davon Abstand
genommen, weil das Mikroskop im Dienste der praktischen Landwirthschaft noch lange nicht jenen Platz einnimmt, als ihm gebührt und daher
die Mehrzahl der praktischen Landwirthe jedenfalls mit einer eingehenden Beschreibung der unterschiedlichen Pilze und Bacterien,
selbst wenn dieselbe durch Zeichnungen unterstützt wird, nichts an-
zufangen weiss. Es wurden daher nur die nothwendigsten Daten angegeben; in heiklen Fällen wird der Landwirth doch der Hilfe des
Fachmannes bedürfen und nach dessen Urtheil findet er dann in der
Broschüre vielleicht die ergänzenden Mittheilungen, die für ihn von
praktischem Werthe sind.

In der Eintheilung des Stoffes hat Verfasser jenen Weg eingeschlagen,
den Frank in seinem „Kampfbuch" einhält, nachdem derselbe derart
praktisch ist, dass nichts Besseres an dessen Stelle gesetzt werden
kann. Verfasser hat nur geglaubt, die Behandlung des Stoffes durch
Einschiebung eines neuen Capitels „Die Ausbreitung der Krankheit" zu vervollständigen. Selbstverständlich haben die Mittheilungen
Frank's, sowie auch die ausserordentlich werthvollen Ansichten, die
Hollrung in den vieljährigen Jahresberichten der Versuchsstation für
Pflanzenschutz der Landwirthschaftskammer für die Provinz Sachsen

niedergelegt hat, neben der anderen Literatur eingehende Berücksichtigung erfahren.

Bei der bekannten Thatsache, dass selbst die eingehendste Beschreibung die Abbildung nicht ersetzen kann, wurde dieser eine besondere Würdigung zutheil. Hiebei war es nun nothwendig, das entsprechende Material zur Verfügung zu haben. Solches lag wohl einerseits in den Präparaten, die sich in den Sammlungen der Versuchsstation des Centralvereines für Rübenzucker-Industrie finden, und anderseits in den für die Pariser Weltausstellung bestimmten Präparaten vor, doch war dieses Material dem Verfasser noch zu wenig. Die Krankheiten äussern sich oft in verschiedenster Weise und je mehr Material zur Auswahl vorliegt, umsomehr wird die Aufgabe erleichtert, typische Exemplare zur Abbildung auszuwählen. Neben eigener Sammlung hat sich Verfasser nun an eine Reihe von Fachmännern mit der Bitte um Zusendung von krankem Rübenmaterial gewendet, und gereicht es ihm an dieser Stelle zu besonderem Vergnügen, den Herren: Director H. Briem (Wien), Central-Director Jul. Deutsch (Budapest), Maurus Deutsch (Paris), Domänen-Director Kiehl (Reindörfl), Em. v. Proskowetz jun. (Kwassitz) und Dr. Ed. Seidl (Steinitz) für die werkthätige Unterstützung, die ihm zutheil wurde, den herzlichsten Dank auszusprechen. Ebenso ist Verfasser Herrn Prof. Dr. Hollrung für die Uebersendung der Photographie einer an „Gürtelschorf" erkrankten Zuckerrübe, welche zur Abbildung benützt wurde, in besonderer Weise verpflichtet, und sei auch diesem Herrn nochmals der beste Dank zum Ausdrucke gebracht.

Aus dem nun reichhaltig zur Verfügung stehenden Material wurden typische Exemplare ausgesucht und nach der Anleitung des Verfassers von dem Wiener Maler Herrn Stricker nach der Natur gezeichnet und gemalt.

Möge nun die kleine Broschüre den Weg in die Kreise der praktischen Landwirthschaft machen, und wenn sie hier Gutes wirkt, so sieht hierin Verfasser den schönsten Lohn für seine Mühe.

Wien, Juni 1900.

Der Verfasser.

Inhalts-Verzeichniss.

Inhalts-Verzeichniss der Tafeln.

I. Der Wurzelbrand.

(Tafel I.)

1. Aussehen und Verlauf der Krankheit.

Die Krankheit charakterisirt sich dadurch, dass die jungen Rübenpflänzchen vor der ersten Hacke und gegen die Zeit des Vereinzelns hin plötzlich ein kränkliches Aussehen annehmen. Die zarten Blättchen werden gelb und das Pflänzchen beginnt ersichtlich zu verfallen. Zieht man ein derartiges Pflänzchen vorsichtig aus dem Boden, so zeigt die Wurzel eine Einschnürung und eine schwarzbraune Färbung. Die Wurzel trocknet rasch ein und wird brüchig, so dass ein noch ziemlich mässiger Wind hinreicht, um die Blätter von der Wurzel zu trennen. Unter dem Mikroskop sieht man deutlich wahrnehmbare, bräunlich gefärbte Verletzungen der Wurzelrinde und bei weiter vorgeschrittener Krankheit eine vollständige Zersetzung und Zerstörung des Parenchymgewebes. Schliesslich bleiben bloss das mittlere Gefässbündel mit seinen dickeren Zellenwandungen und die untersten Wurzelfasern erhalten. Befällt die Krankheit Rübenpflänzchen in ihrer ersten Entwicklung, so sind dieselben zumeist aussichtslos verloren.

Tritt die Krankheit intensiv auf, so pflegt sie, wenn auch nicht alle, doch weitaus die meisten Pflanzen des Feldes zu ergreifen, so dass dem Landwirth nichts Anderes übrig bleibt, als die Rübenpflänzchen einzuackern und zu einem zweiten und unter Umständen sogar zu einem dritten Anbau zu schreiten. Manchmal nützt auch der wiederholte Anbau nichts. Die Krankheit tritt immer wieder auf und vernichtet die Rübenpflänzchen, so dass eine vollständige Missernte resultirt. Zum Glück treten derart extreme Fälle doch seltener auf, und bilden nicht die Regel. Aeltere Pflanzen, namentlich wenn sie einmal das zweite Paar Blätter getrieben haben, sind, dank der Assimilationskraft der Keimblättchen, doch im Stande, die Krankheit zu überwinden und sich auszuheilen. Allerdings ist der Heilungsprocess ein recht mühseliger und die Pflanzen stehen gegenüber den gesund gebliebenen erheblich an Grösse und Zuckergehalt zurück. Auf die Formen, welche die Rüben, die den Wurzelbrand überstanden haben, mitunter einnehmen können, werde ich bei dem folgenden II. Hauptabschnitt „Der Dauerwurzelbrand" zurückkommen.

Manchmal, wenn nämlich nicht die ganze Wurzel von der Krankheit ergriffen ist, tritt dadurch Gesundung ein, dass die Rübe im Stande ist, Seitenwurzeln zu treiben. (Siehe Abbildung auf Tafel I.) Die Hauptwurzel geht zugrunde, die Rübe entwickelt sich mit ihren Seitenwurzeln weiter und bei der Ernte findet man sellerieartige, gabelförmige Wurzeln und überhaupt Formen von ganz merkwürdiger Gestaltung.

Bei heftigem Auftreten der Krankheit tritt selbstverständlich ein bedeutender quantitativer und qualitativer Misserfolg ein und selbst bei einem günstigen Verlaufe der Krankheit bleiben zumeist namhafte Lücken auf dem Felde zurück, deren Nachbebauung nicht viel Erfolg hat, nachdem die jungen Pflänzchen zumeist wieder vom Wurzelbrand befallen werden und dann eingehen. Selbst in dem günstigen Falle, wo sich die Pflänzchen erholen, ist ihre weitere Entwicklung eine sehr langsame, und bei der Ernte der Ertrag zumeist ein geringer. Nicht unhäufig werden aber auch die schwachen Rübenpflanzen von den heranwachsenden gesunden Pflanzen unterdrückt. Zu der ganzen Calamität kommt noch der, jedem Rübenbauer bekannte Umstand, dass der Culturaufwand meist in umgekehrtem Verhältnisse zum Stande der Rüben steht, zumal beim Wurzelbrand, welcher, wenn einmal ausgebrochen, wie Frank ganz richtig bemerkt, überhaupt nur durch fleissiges Hacken, und da ganz unvollkommen, bekämpft werden kann.

Die Krankheit tritt vorzugsweise um die Zeit des Verziehens auf und äussert sich, wie bereits hervorgehoben, in einem Schwinden der Wurzelsubstanz bis auf den mittelsten, schwarze Färbung annehmenden Gefässstrang. Diese letzte Erscheinung hat der Krankheit auch noch die Bezeichnung „Schwarze Beine", „Zwirn" verschafft. Oberirdisch gibt sich der Wurzelbrand kund durch ein Umfallen des ganzen Pflänzchens, welches dann zugrunde geht.

Zur allgemeinen Kenntniss des Verlaufes und der äusseren Merkmale der Krankheit ist es weiter von Interesse, die Mittheilungen und Ansichten noch einiger Forscher zu hören, infolge dessen dieselben mitgetheilt werden sollen.

Nach Hollrung weisen die vollkommen erkrankten, wie auch die erst im Anfangsstadium des Wurzelbrandes befindlichen Pflanzen an der Stelle, woselbst der eigentliche Wurzelkörper und der hypokotyle Theil aneinanderstossen, eine Einschnürung der Würzelchen auf. Dieselbe ist bald kurz und tiefgehend, wie durch das Einschneiden eines Fadens hervorgerufen, bald erstreckt sie sich über eine Länge von $\frac{1}{2}$ bis $\frac{3}{4}$ cm und gleicht mehr einer durch Fingerdruck erzeugten Vertiefung. In der Mehrzahl der Fälle kann festgestellt werden, dass an derlei Druckstellen die eine Zersetzung andeutende Bräunung des Wurzelgewebes zuerst platzgreift, um von da offenbar sich über die benachbarten Partien auszudehnen. Im Uebrigen beginnt die Krankheit auf der Oberhaut der Rübe und dringt nach dem centralen Gefässbündel allmälig vor. Ein Beweis dafür liegt, wie Hollrung fand, in dem Umstande, dass mehrfach die subepidermoidalen Wurzeltheile noch vollkommen intact befunden wurden, währenddem die Oberhaut bereits in Zersetzung übergegangen war.

Der erste Beginn des Wurzelbrandes lässt sich, wie Vaňha hervorhebt, nicht recht erkennen; allem Anscheine nach stellt er sich bald nach der Keimung ein, oft auch früher, bevor die Rübe an die Oberfläche gelangt. Die junge Rübe bleibt im Wachsthum stecken und verliert allmälig ihr saftiges Grün. In diesem Stadium ist die Krankheit schon weit vorgeschritten. Bevor man äusserlich etwas merken kann, wird die Wurzel allmälig stellenweise weich, später bräunlich und wasserfaul, so dass an den befallenen Stellen das ganze parenchymatische Zellgewebe der Wurzel schwindet; sie wird schwarz und trocken. Gleichzeitig gehen auch alle Seitenwurzeln verloren und es bleiben nur die centralen Gefässbündel übrig, welche noch den Transport der Nährstoffe vermitteln und, nachdem die Krankheit vorüber ist, zum Ausgangspunkt des weiteren Lebens werden. Ausserdem bleiben noch der Kopf und die Blätter erhalten. Die Infection erstreckt sich entweder auf die ganze Wurzel bis an den Kopf, so dass die Rübe schnurartig dünn, braun und trocken wird, oder es reicht die Krankheit von unten bis zu einer gewissen Höhe, oder es können auch einzelne Partien erhalten bleiben. Ueberwindet die Rübe die Krankheit, so wächst sie üppig weiter und kann einen normalen Ertrag liefern. Häufig kommt es vor, dass die Rinde der jungen Rübe der ganzen Länge nach oder nur stellenweise zerreisst, und das immer noch gesunde Zellengewebe zu Tage tritt, ohne dass eine Fäulniss eintritt. Diese Erscheinung lässt sich dadurch erklären, dass die Infection sich nur auf das Rindengewebe beschränkt, welches infolge dessen im Wachsthum zurückbleibt, während das innere Gewebe normal weiter wächst und die Rinde zerreisst.

Es ist zweifellos, dass die Krankheit bereits beginnen kann, wie Vaňha auch hervorhebt, bevor das zarte Pflänzchen die Erde durchbrochen hat. Die ersteren äusserlich erkennbaren Zeichen des Wurzelbrandes bestehen darin, dass der Rübenkeimling anfangs glasig, dann bräunlich und endlich vor dem völligen Eintrocknen ganz dunkelbraun wird, bis das feine Würzelchen die Fadenform annimmt. Dieses Eintrocknen geht sehr rasch vor sich und dauert kaum zwei Tage.

2. Die Ausbreitung der Krankheit.

Die Ausbreitung der Krankheit ist bis jetzt eine ganz bedeutende gewesen und der Schaden, den sie angerichtet hat, würde wohl, wenn sich dies ziffermässig ausdrücken liesse, ganz ungeheuere Summen ergeben. Für Oesterreich-Ungarn liegen leider keine bestimmten Zahlen vor, doch ist sicher, dass das Verbreitungsgebiet und die durch den Wurzelbrand angerichteten Verheerungen weit grössere sind als man vielfach glaubt. Frank berichtet aus eigener Anschauung, dass der im südöstlichen Mähren alljährlich verursachte Schaden ein sehr bedeutender ist, ein normaler Ertrag von 250 bis 300 q pro Hektar durch das Auftreten des Wurzelbrandes auf 200 bis 150 q, ja selbst auch auf noch weniger einer minderwerthigen Rübe herabgedrückt wird, und es dortselbst ausgedehnte Landstriche gibt, wo der Rübenbau durch die Krankheit geradezu in Frage gestellt ist. Diese Beobachtungen Frank's stammen aus dem Jahre 1894 und haben die Situation damals ganz richtig gekennzeichnet. Inzwischen haben sich die Verhältnisse doch an manchen Orten gebessert, wenn auch die Schäden immerhin noch bedeutend genug sind und die Landwirthe ausreichend Grund zur Klage haben.

Im Jahre 1895 ist der Wurzelbrand in Preussisch-Schlesien an einzelnen Orten stark, bald unter gänzlichem Absterben der Pflänzchen, bald wieder unter Erholung derselben aufgetreten. Im Jahre 1896 war die Verbreitung eine ziemlich ausgedehnte, und im Jahre 1897 stieg der Schaden in Deutschland stellenweise bis zu 80%; auch in den folgenden zwei Jahren waren die Klagen bedeutend, denn man beklagte an manchen Orten einen Schaden bis zu 75%.

Aus diesen wenigen statistischen Erhebungen. die aber die Sachlage genügend kennzeichnen, ist zu ersehen, dass der Wurzelbrand mit Recht zu den gefährlichsten Rübenkrankheiten zu zählen ist. Er gehört aber auch zu den weitverbreitetsten Krankheiten der Zuckerrübe, und alljährlich, wenn der Anbau dieser Pflanze beginnt, beginnen auch die Klagen. Es ist daher gerechtfertigt, wenn wir uns im folgenden Capitel in eingehender Weise mit dieser Krankheit beschäftigen, wobei wir die sonst getrennt behandelten Capitel: „Ursache" und „Bekämpfung" ausnahmsweise in einem Abschnitt zusammenfassen wollen, damit die Einheitlichkeit der Darstellung gewahrt bleibt. Mit dem Wurzelbrand haben sich schon eine Anzahl von Jahren viele und hervorragende Forscher beschäftigt. mit dem Bemühen, dessen Entstehen und Ursache klarzulegen und Mittel zu seiner Bekämpfung anzugeben. Die Bekämpfungsmittel stehen nun vielfach in engem Zusammenhang mit der Ursache der Krankheit, so dass eine gesonderte

Darstellung nicht immer klar wäre und zu unnützen Wiederholungen
führen würde. Wenn es auch erscheinen möchte, als ob ältere Ansichten vor dem Forum der neueren oder neuesten Forschung nicht
mehr bestehen könnten, so ist dies doch nicht immer der Fall. Gerade
aus älteren Arbeiten lässt sich Manches ersehen und erlernen, und
vielleicht findet der denkende Landwirth daraus Anhaltspunkte, die
für einen vorliegenden bestimmten Fall nützlich verwerthet werden
können. Daher erscheint mir eine gleichsam historische Entwicklung der Ansichten über den Wurzelbrand sehr am Platz, weil
daraus, wie bei keiner anderen Rübenkrankheit, zu ersehen ist, wie
sehr diese Krankheit schon das Interesse der Wissenschaft und der
Praxis erregt hat.

3. Die Ursache und die Bekämpfung der Krankheit.

Der Wurzelbrand gehört unstreitig zu den am längsten bekanntesten
Rübenkrankheiten, und man kann füglich behaupten, dass er schon so alt
ist, wie der in verallgemeinerte Bahnen gelenkte Zuckerrübenbau selbst
Bereits im Jahre 1834 spricht Dombasle davon, dass die Rübe in ihrer
Jugend von einer Krankheit, „chaude pied" (Wurzelbrand) genannt, er-
griffen wird; bei warmer, feuchter Witterung stösst die Pflanze, wie dieser
Forscher schon bezeichnend schreibt, die braune, zusammengeschrumpfte
Wurzel ab und es bildet sich eine neue, dann oft gabelförmige oder
missgestaltete Wurzel. Im Jahre 1836 wird der Wurzelbrand von
Kirchhoff und im Jahre 1839 von Hlubeck erwähnt. In den folgenden
zwei Jahrzehnten habe ich aus der Literatur über den Wurzelbrand keine
oder wenigstens keine bestimmten Angaben finden können. Ende der
Fünfzigerjahre muss aber die Krankheit die Besorgniss der Zucker-
fabrikanten in besonderem Masse erregt haben, denn sonst hätte
man sich nicht mit derselben auf der Generalversammlung des Vereines
für Rübenzuckerindustrie im Zollverein im Jahre 1858 beschäftigt.
Ueber das Wesen der Krankheit hatten einzelne Theilnehmer keine
rechte Vorstellung, während Andere das Auftreten ganz deutlich nur
dort bemerkten, wo der Boden oberflächlich fest geworden war und nicht
gelockert wurde. Nach der Auflockerung erholten sich die Pflanzen,
daher „fleissiges Hacken zu empfehlen sei". Man vermuthete aber schon
damals, wie wir im Folgenden sehen werden, dass die physikalische
Beschaffenheit des Bodens die Ursache des Wurzelbrandes sei, eine
Ansicht, die ganz modernes Gepräge trägt. Ein Jahr später gab Julius
Kühn der Vermuthung Ausdruck, dass das Schwarzwerden der jungen
Rübenwürzelchen auf thierische Verletzung zurückzuführen sei, und
wurde von ihm speciell als Urheber des Wurzelbrandes der Frass des
Moosknopfkäferchens (Atomaria linearis Stephn.) und auch der Tausend-

füssler bezeichnet, eine Ansicht, die eine Reihe von Jahren die allein herrschende blieb und die man insoferne verallgemeinerte, als man auch den Frass anderer thierischer Schädlinge aus dem Insectenreiche für die Ursache des Wurzelbrandes verantwortlich machte.

Daher kam es, dass man in den Siebzigerjahren zumeist das Moosknopfkäferchen mit dem Auftreten des Wurzelbrandes innig verknüpfte; allerdings treten auch — aber nur ganz vereinzelt — Gegner dieser Ansicht auf, die im Klima, in der stagnirenden Bodenfeuchtigkeit, in besonderer Bodenbeschaffenheit, in Düngerverhältnissen und sogar im Scheideschlamm der Zuckerfabriken als Meliorationsmittel die Ursachen der Krankheit suchten. Seit Beginn der Achtzigerjahre machte sich jedoch ein Umschwung in den Ansichten über die Ursache des Wurzelbrandes geltend, denn Hellriegel war es, welcher 'fand, dass sich der Wurzelbrand auch dann ausbildete, wenn das Moosknopfkäferchen nicht zugegen war und dass die Krankheit in gewissen Fällen von den Rübenknäueln ausging. Hellriegel versuchte eine Desinficirung des Rübensamens mit verschiedenen Mitteln, von welchen die Carbolsäure den grössten Erfolg zeigte. Die Krankheit konnte dadurch gehemmt werden, doch war zu starke Concentration und zu lange Einwirkung zu vermeiden, damit keine Schädigung der Keimkraft eintrat. Einen recht günstigen Erfolg zeigte ein 20stündiges Einweichen in eine 1%ige Carbolsäurelösung.

Zu ungefähr derselben Zeit wie Hellriegel trat Karlson mit seinen Untersuchungen und Beobachtungen über die Ursache und die Bekämpfung des Wurzelbrandes hervor, indem er die Meinung vertrat, dass diese Krankheit wohl eine Pilzkrankheit sei, dass aber in erster Linie die Schwächlichkeit und Widerstandslosigkeit gewisser junger Rübenpflänzchen, nämlich solcher, welche aus einem nur ungenügend ausgebildeten oder mit zu wenig Reservestoffen versehenen Samen hervorgegangen waren, der letzte Grund für den Eintritt des Wurzelbrandes ist. Dementsprechend glaubt er den Wurzelbrand durch Ausschaltung aller, einen schwächlichen Rübensamen erzeugenden Factoren, wie Stecklingszucht, unvollkommene Reife der Samen, schlecht gedüngten Boden etc., bekämpfen und beseitigen zu können. Die parasitischen Feinde muss man jedoch in den jüngsten Entwicklungsstadien der Krankheit suchen, nachdem später das Bild vollkommen zerstört wird, infolge des Wachsthums der Pilze und der Zerstörung des Zellgewebes der Pflanze. Der Wurzelbrand trifft hauptsächlich schwache, an und für sich wenig lebensfähige Pflanzen und werden dieselben durch den Pilz vollständig vernichtet. Die allergefährlichste Periode der Pflanze ist immer die, wo sie noch allein auf Kosten der im Samen aufgespeicherten Stoffe lebt. Hat sie jedoch schon ihre

Keimblätter entwickelt, so besitzt sie, dank der Assimilation der letzteren, die Möglichkeit, den Pilzen Widerstand leisten zu können.
Kräftigere, an Nähr- und Bildungsstoffen reichere Samen leisten, trotz
früher Erkrankung, kräftigen Widerstand, da sich in ihrem Gewebe
die Pilze, dank dem stärkeren Gewebe, dickeren Zellenwandungen und
überhaupt der im Allgemeinen grösseren Lebensenergie, nicht so rasch
verbreiten können. Diese Thatsachen zwingen nach Karlson zu dem
Schluss, dass der Pilz oder die Pilze, welche den Wurzelbrand verursachen, an und für sich schwach sind. In den vom Wurzelbrand
genesenen Pflanzen sind keine Pilze mehr vorzufinden. Diese Thatsachen
und ebenso das Vorfinden derselben Pilze im inficirten Keime oder
auf der Oberfläche der Samenkapsel bestätigen die Voraussetzung,
dass die Sporen aller dieser Pilze durch den Wind auf die Samen
getragen werden. Was die Samendesinfection anbetrifft, so ist Karlson
der Ansicht, dass von derselben, wenn auch nicht eine vollkommene
Vernichtung der Krankheit, doch jedenfalls eine Verminderung zu
erwarten sei, wenn auch nur für das betreffende Jahr. Rohe Carbolsäure
und Kupfervitriol in Lösungen von 1 bis 2% ergaben durch Ueber-
giessen des trockenen Samens nur zweifelhafte Resultate. Die Carbolsäure wirkte scheinbar schwächer als das Kupfervitriol, letzteres wirkte
jedoch in 2%igen Lösungen schon schädlich auf die Pflanzen ein.
Erwiesen war aber, dass die Pilze in dem Stadium der Sporen nicht so
leicht getödtet werden. Es erschien daher möglich, dass der Pilz leichter
anzugreifen sei, wenn seine Sporen schon gekeimt haben oder im Keimen
begriffen sind, und müsste dies durch Anweichen der Samen in Wasser
leichter und rascher vor sich gehen. Es wurde deshalb der Samen
mit Wasser angefeuchtet und drei Tage lang bei einer Temperatur von
14 bis 15° R. feucht gehalten. Dann wurden die Versuche durch Ueber-
giessen der Samen mit 1 bis 2%igen Lösungen von Carbolsäure und 1 bis
2%igen Lösungen von Kupfervitriol eingeleitet. Die Lösungen wirkten auf
die Samen 2 Stunden ein, hierauf wurden die Samen 5 bis 6 Stunden zum
Abtrocknen ausgebreitet. Die mit 1 bis 2%iger Carbolsäure präparirten
Samen keimten in unsterilisirter Erde sehr gut, auf den Keimaufschuss
schien diese Desinfection entweder gar nicht oder nur sehr wenig
gewirkt zu haben. Die mit 1%iger Kupfervitriollösung versetzten Samen
gingen schon schlechter und ungleichmässiger auf und diejenigen
Samen, die der Einwirkung einer 2%igen Kupfervitriollösung ausgesetzt
waren, blieben augenscheinlich hinter den beiden anderen Versuchen
zurück. Der Wurzelbrand war immer noch bei allen Culturen vorhanden,
doch hatten die Desinfectionen augenscheinlich stark auf seine Verminderung gewirkt.

Am Schluss seiner Untersuchungen und gleichsam resumirend

kommt Karlson wieder darauf zurück, dass die Ursache und die verderbliche Wirkung des Wurzelbrandes auf die Rübencultur in der forcirten Stecklingszucht, im Zusammenhange mit der ganzen Richtung der Samencultur aus Stecklingen liege, welche Zuchtrichtung die natürlichen Bedürfnisse der Pflanze unberücksichtigt lasse und einzig und allein auf die möglichst billige Samenproduction gerichtet sei. Dadurch wird die Pflanze geschwächt und verliert allmälig ihre natürliche Widerstandsfähigkeit gegen solche Parasiten, welche sie immer begleiten. Der Wurzelbrand ist überhaupt nicht eine Eigenschaft dieser oder jener Samensorte, sondern nur der betreffenden Samenpartie, im Zusammenhange damit, wo dieselbe gewonnen wurde. Bei Anbauversuchen mit verschiedenen, für den betreffenden Boden am besten geeigneten Samensorten darf man sich nicht durch die Erscheinung des Wurzelbrandes bei den betreffenden Samen beirren lassen, denn der Wurzelbrand kann ebenso leicht und rasch in seine natürlichen Schranken, bis zur vollkommenen Unschädlichkeit zurückgeführt werden, wie man ihn der besten Cultur animpfen kann; doch kann solches nie auf dem Wege der Desinfection bewirkt werden. Eine Desinfection ist wohl im Stande, den Wurzelbrand theilweise beheben zu können, von einer vollkommenen Beseitigung kann jedoch keine Rede sein. Zu guten Samen kann man ohne besondere Gefahr starkwirksame Desinfectionen anwenden, es werden aber vielfach hier überhaupt keine künstlichen Mittel nothwendig sein. Bei schlechten Samen helfen nur starke Mittel und diese bilden wieder eine zweischneidige Waffe, da sie der Pflanze äusserst gefährlich werden. Der sicherste Weg zur Bekämpfung der Krankheit liegt in einer rationellen Cultur, indem man die natürlichen Bedürfnisse der Pflanze berücksichtigt, durch deren Vernachlässigung man die Krankheit hervorgerufen hat. So weit Karlson.

Wie Hellriegel so ist auch Wimmer der Ansicht, dass der Wurzelbrand der jungen Rübenpflanzen durch eine Infection entstehen kann, welche von dem Samen selbst ausgeht, und dass die Krankheit durch Anwendung geeigneter Desinfectionsmittel zu verhindern ist. Im Anfange der Krankheit lässt es sich ziemlich leicht entscheiden, ob Wurzelbrand oder eine Beschädigung durch Insecten vorliegt; später ist dies schwierig, da in beiden Fällen die betreffenden Wurzeltheile völlig schwarz werden. Witterungsverhältnisse und Bodenverhältnisse können die Krankheit höchstwahrscheinlich fördern oder hemmen.

Zur Desinfection des Samens hat Wimmer eine Reihe von Desinfectionsmitteln versucht, und zwar Salicylsäure, Quecksilberchlorid, Chloroform, Kupfervitriol und Carbolsäure. Von allen diesen

Desinfectionsmitteln genügte die Carbolsäure allen Ansprüchen. Am zweckmässigsten verwendet man die Sorte „Acidum carbolicum crudum. 100%, Pharm. Germ. II", u. zw. 1%ige Lösung. Die Desinfection in Grossem wird wenig Schwierigkeiten bieten. Auf 1 Gewichtstheil Samen wendet man am besten 6 bis 8 Gewichtstheile Flüssigkeit, welche derart hergestellt wird, dass man 1 kg obiger Carbolsäure in 2 hl Wasser löst, an. Mit dieser Menge kann man 30 kg Samen und noch mehr auf einmal desinficiren. Zum Zweck der Drillcultur wird der Samen nach dem Einweichen auf einer luftigen Tenne etc. dünn ausgebreitet und öfters umgeschaufelt.

Zu ganz anderen Ansichten betreffs der Ursache des Wurzelbrandes kam Holdefleiss. Derselbe konnte an durch Wurzelbrand befallenen Rüben weder thierische noch pflanzliche Parasiten nachweisen und führt die Ursachen der Krankheit daher auf die Beschaffenheit des Bodens zurück. Derartige Böden ergeben in den meisten Fällen: 1. reichliche Mengen von Eisenoxydul, 2. eine verhältnissmässige Armuth an Kalk, 3. Neigung zum Verschlemmen und Verkrusten, 4. die Erscheinung, dass im Sommer, nach mehrmaligem Hacken, der Wurzelbrand ausheilte, doch aber ein niedriger Rübenertrag resultirte.

Da nun die Bodenbeschaffenheit bei dem Auftreten des Wurzelbrandes eine bedeutsame Rolle spielt, so ist es Holdefleiss durch entsprechende Massregeln gelungen, die Krankheit ganz oder zum grössten Theil zum Verschwinden zu bringen. Zur Verhütung des Wurzelbrandes empfiehlt er folgende Massregeln: 1. Möglichstes Offenhalten des Bodens; wenn auch nicht im beginnenden Frühjahr aufgeeggt werden kann, so ist doch im April, so bald gleichmässiges Wetter zu erwarten, der Acker so früh als möglich vorzubereiten, dann ist aber so früh als möglich mit dem Hacken der Rüben zu beginnen und dasselbe oft und intensiv zu wiederholen. 2. Ganz besonders ist aber eine kräftige Kalkdüngung förderlich. Vortheilhaft ist es, den Kalk zu den Vorfrüchten und nicht direct zu den Rüben zu geben. Eine entsprechend kräftige Kalkdüngung (Holdefleiss spricht von 12 bis 15 Centnern per Morgen) hält bei rationeller Behandlung des Bodens eine Reihe von Jahren an, doch scheint nach 8 bis 10 Jahren eine Wiederholung des Kalkens nothwendig zu sein.

Holdefleiss hat, und dies muss hervorgehoben werden, speciell die Verhältnisse der Provinz Preussisch-Schlesien vor 10 Jahren und noch früher im Auge und eingehend studirt und seine Erfahrungen in folgenden Schlusssätzen niedergelegt: 1. Wenn auch der Wurzelbrand der Rüben hin und wieder durch Parasiten hervorgerufen werden mag, so beruht sein Auftreten in Schlesien doch in den weitaus meisten Fällen auf ungünstigen chemischen und physikalischen Verhältnissen des Ackerbodens. 2. In vielen Fällen tritt der Wurzelbrand dort auf, wo auf dem Boden infolge Verschlemmens eine Kruste oder eine wasserharte Decke entsteht. 3. Der krankhafte Zustand des Bodens, bei welchem der Wurzelbrand entsteht, wird in der Regel durch ein reichliches Vorhandensein von Eisenoxydul im Boden gekennzeichnet. 4. In vielen Fällen kann die Krankheit durch Offenhalten des Bodens mittels zeitigen, oft wiederholten Hackens verhütet werden. 5. Ganz besonders aber erweist sich reichliche Zufuhr von gebranntem Kalk als ein wirksames Vorbeugungsmittel.

Nach Hollrung machte sich der Wurzelbrand im Jahre 1892 besonders bemerkbar und stand sein starkes Auftreten höchst wahrscheinlich im directen Zusammenhange mit der verhältnissmässig niederen Temperatur, welche im Vereine mit dem trockenen Erdreich veranlasste, dass der Boden länger kalt blieb, als dies sonst der Fall sein mag.

Auch Hollrung hebt hervor, dass der Wurzelbrand nicht immer an das Vorhandensein des Moosknopfkäferchens gebunden ist. Während die brandigen Wurzeltheile nie über die Erddecke hinausgreifen, reichen hingegen die Frassstellen des Moosknopfkäfers bis zu den Blattstielen hinauf.

Holdefleiss (siehe oben) weist später darauf hin, dass Rübenbreiten mit Wurzelbrand gerne verschlemmen und abbinden. Diese letztere Beobachtung wird auch durch Marek bestätigt, welcher in einem Falle die mechanische Beschaffenheit des betreffenden Bodens untersuchte und in demselben einen ungewöhnlich hohen Procensatz von Feinsand — 77·25% — fand, woraus zu entnehmen ist, dass der fragliche Acker an der Oberfläche rasch abschliesst. Hollrung hat nun Ackererden, in welchen wurzelbrandige Rübenpflanzen standen, untersucht und in allen Fällen — im Gegensatz zu Holdefleiss — die Abwesenheit von Eisenoxydul constatirt. Kalk war in dem wurzelbrandigen Boden bald mehr, bald weniger stark vorhanden, bald fehlte derselbe vollständig. In ein und derselben Wirthschaft befiel der Wurzelbrand sowohl kalkarme, wie kalkreiche Böden. Auch die Marek'sche Ansicht konnte Hollrung bei der Untersuchung an wurzelbrandigen Böden der Provinz Sachsen nicht bestätigen.

Wie Holdefleiss und Marek hat auch Zimmermann beobachtet, dass der Wurzelbrand namentlich dort auftritt, wo der Boden von Natur aus schon bindig ist und durch hinzukommende Schlagregen noch mehr verdichtet wird. Als Gegenmittel empfiehlt er wöchentlich einmaliges tieferes Hacken während der Hauptbefallzeit.

Wie erwähnt, so spricht Marek der Bodenart auf die Erkrankung der Rübenpflanzen an Wurzelbrand eine Rolle zu, wenngleich er gleichzeitig offen lässt, ob nicht auch Pilze dabei mit im Spiele sind, da er durch Beizen der Rübenknäule gute Erfolge erzielte. Für „gute", nicht feinsandige Bodenarten hält Marek das einfache Beizen des Saatgutes, für feinsandige Böden das Beizen und Hacken als die geeignetsten Abhilfsmittel.

Hollrung kommt nach seinen Untersuchungen im Jahre 1893 zu folgenden Schlüssen: Der Wurzelbrand ist eine Krankheit, welche in der Hauptsache nach vom Boden ausgeht. Er beruht auf einer Wachsthumsstockung der jungen Rübenpflanzen, welche durch bestimmte physikalische, chemische und mechanische Verhältnisse des Bodens, wie zu grosser Kälte, Luftabschluss, Druck u. s. w. eingeleitet, und mehr oder weniger lange aufrecht erhalten wird. Die Kälte wird bedingt u. A. durch ungeeignete Höhenlage, Neigung gegen Norden und zu grossem Feuchtigkeitsgehalt. Luftabschluss kann die Folge des durch einen hohen Gehalt an Feinsand oder abschlemmbaren Bestandtheilen bedingten Verschlemmens und Verkrustens der Erddecke sein, unter Umständen auch durch eine zu hohe Wassercapacität des Bodens verursacht werden. Mechanische Beeinträchtigungen, in einer gelegentlich bis auf das centrale Gefässbündel gehenden Einschnürung des jugendlichen Wurzelkörpers bestehend, werden erzeugt durch das Abbinden des Bodens. Als Abhilfsmittel sind zu empfehlen: Fortgesetztes Düngen mit Aetzkalk oder Presskalk, sowie oftes und tiefes Hacken nebst Walzen der Pflänzchen bis zum Verziehen. Fälle, welche hiernach nicht behoben werden, bedürfen einer besonderen Untersuchung. Die genannten Gegenmittel sind rationell durchführbar, während z. B. die ausschliessliche Verwendung von Mutterrübensamen in vollendeter Ausbildung, wie Karlson als Mittel zur Verhinderung des Wurzelbrandes anführt, praktisch nicht durchführbar ist.

Ueber Bekämpfungsversuche des Wurzelbrandes liegen weiter sehr interessante Beobachtungen von Frank vor, die, nachdem sie durch einen erfahrenen Landwirth in genauester Weise vorgenommen wurden, einer ernsten Beachtung werth erscheinen und daher auch besonders hervorgehoben werden sollen. Die Bodenverhältnisse waren ähnliche, wie die von Holdefleiss und Hollrung dargestellten. Frank hat es durchwegs mit schweren Lehmböden zu thun, die zwar tiefgründig sind, aber undurchlässigen Untergrund besitzen. Auf den Höhen aus der Verwitterung des Karpathenkalksteines entstanden, mögen die sandigen Bestandtheile im Laufe der Zeit abgeschwemmt worden sein, so dass mehr oder weniger ein schwarzer Lehmboden zurückblieb. In den Niederungen durch Anschwemmung entstanden, enthält der Boden zwar einen ziemlichen Procentsatz von Sand und Humus, ist nicht allzu grosser Nässe ausgesetzt, sehr productiv und zählt auch zu den besseren Bonitätsclassen des Hradischer Classifications-Districtes (Süd-Mähren). Aber auch dieser Boden ist kalt und namentlich nach nicht zu fehlen pflegenden Gussregen zum Abbinden geneigt. Frank hatte nun mit dem Wurzelbrand in ausgedehntestem Masse zu kämpfen und zeigte die Krankheit oft ein ganz räthselhaftes Verhalten. Drainagen z. B. nützten gar nichts, ja die Drainestränge waren noch lange Zeit daran erkenntlich, dass die Rüben längs derselben besonders kränkelten. Ebenso oft kam es vor, dass unter der festgetretenen Anwand die üppigste Rübe wuchs, während das ganze übrige Feld ein Bild der Verheerung darbot, ohne dass sich daraus eine feste Regel hätte ableiten lassen. Mitten in den von der Krankheit heimgesuchten Culturen fand man sehr häufig kleine Oasen mit fröhlichstem Pflanzenwuchs, oder einzelne üppige Rüben, ohne dass es möglich gewesen wäre, einen plausiblen Grund hiefür ausfindig zu machen. Frank begann nun seine Aufmerksamkeit der Beizung des Rübensamens zuzuwenden, nachdem ihm kleine Versuche mit Chlorkalk, Eisenvitriol und Kalkmilch gezeigt hatten, dass derartig gebeizte Samen im Grossen und Ganzen eine viel gesundere Saat als der ungebeizte Same lieferten. Ferner gab ihm auch der Umstand zu denken, dass auf benachbarten Zuckerfabrikswirthschaften unter ähnlichen Bodenverhältnissen, wo der Wurzelbrand gleichfalls furchtbar gehaust hatte, dieser in dem Masse zu schwinden anfing, als man Saturationsschlamm (!) in grossen Mengen anzuwenden begann. Zu jener Zeit (1893) wurde die Samenbeize mit Carbolsäure bekannt und wurde die Desinfection in einem Jahre mit reiner 100%iger Carbolsäure in 0·5%iger Carbolsäurelösung und das nächste Jahr nach den Angaben Wimmer's mit „Acidum carbolicum crudum 100% Pharm. Germ. II." vorgenommen. Gleichzeitig wurde im letzteren Jahre mit der Kalkung der Rübenfelder begonnen und kamen je nach der Beschaffenheit des Feldes 20 bis 50 q Kalkstaub pro Hektar zur Anwendung. Trotz ungünstiger Verhältnisse (abnorme Dürre bis in den Juni, Auftreten der Raupen der Noctua segetum, der Larve der Silpha atrata, des Drahtwurms und der Engerlinge) blieb die Rübenernte nur wenig hinter einer Durchschnittsernte normaler Jahre zurück und hatten sich die Rübenernten in den zwei Versuchsjahren gegenüber dem Durchschnittsertrag der vorausgegangenen Jahre um volle 20% gehoben.

Die Kosten der Beizung stellten sich bei Anwendung roher Carbolsäure wie folgt: 1 kg kostete 42 kr., die Beize pro Hektar 70 kr., Taglohn 30 kr., daher insgesammt pro 1 ha 1 fl. Bei einem grösseren Quantum vermindert sich der Bedarf an Carbolsäure um zwei Drittel und die Kosten belaufen sich somit auf 54 kr. pro Hektar.

Die Gestehungskosten pro 1 *ha* Kalkung bei Verwendung von 50 *q* Kalkstaub stellten sich insgesammt auf 26 fl. Obwohl die Bodenverhältnisse auf Frank's Gute solche waren, dass sie nach Holdefleiss und Hollrung den Wurzelbrand auch ohne das Vorhandensein von Parasiten hervorzubringen vermögen, hat sich das Wimmer'sche Beizungsverfahren gleichwohl entschieden bewährt und liegt daher der Schluss nahe, dass der Same von parasitischen Pilzen befallen gewesen sein musste. Die Krankheit wurde allerdings nicht vollkommen unterdrückt, aber doch so weit herabgemindert, dass die Erzielung normaler Ernten wieder möglich wurde. Inwieweit aus den Erfahrungen eines allerdings vollkommen abnormalen Jahres zu schliessen ist, wurde die Wirkung der Beize zwar durch die Kalkung des Feldes wesentlich erhöht, doch vermochte diese allein erstere nicht zu ersetzen. Eine vollständige Behebung der Krankheit erscheint nach Frank nur möglich, wenn neben der Beize sehr grosse Kalkmengen untergebracht werden. Nach vorgenommener Kalkung war eine schädliche Einwirkung des Chilisalpeters auf die Verkrustung des Bodens nicht wahrnehmbar. Selbstverständlich muss auch die künstliche Düngung eine kräftige sein, denn die Anwendung des Kalkes dient nur dazu, eine Verbesserung der physikalischen und chemischen Beschaffenheit des Bodens herbeizuführen.

Ich komme jetzt zu anderen Ansichten über die Ursachen des Wurzelbrandes, die theilweise schon länger bekannt sind, in ihrem weiteren Verlaufe aber zu Resultaten führten, die in der von mir im Grossen und Ganzen eingehaltenen chronologischen Darstellung jetzt ihren Platz einnehmen.

Schon seit einer Reihe von Jahren ist bekannt, dass das Umfallen der Keimpflanzen verschiedener Gewächse — eine Erscheinung, die man bei der Zuckerrübe als „Wurzelbrand" auffasst und bezeichnet — auch durch einen Pilz verursacht wird, den Lohde in wurzelbrandigen Rüben gefunden hat und der Pythium de Baryanum Hesse genannt wird. Dieser Pilz lebt nicht nur auf lebenden, sondern auch auf abgestorbenen, todten Pflanzentheilen und gelangt daher sehr leicht in den Ackerboden, wo er infolge seiner Lebensweise reichlich Gelegenheit findet, sich lebensfähig zu erhalten. Dies wird umsomehr der Fall sein, je mehr der Boden organische Stoffe enthält. Eine Infection der jungen Rübenkeimpflanzen ist daher sehr leicht möglich, je mehr dieselben infolge verschiedener Umstände dazu geneigt sind. Der Pilz kann natürlich auch am Rübensamen selbst sitzen, wodurch eine Infection noch leichter gegeben erscheint. Nach den bisherigen Beobachtungen tritt diese Krankheitserscheinung am häufigsten in nassen Böden auf.

Nach den Beobachtungen von Eidam soll der Wurzelbrand auch durch den Pilz Rhizoctonia violacea Fuckel verursacht werden, der die Rübenkeimlinge befällt. Dieser Pilz tritt aber sonst nur an erwachsenen Rüben auf und werden wir uns mit demselben beim Hauptabschnitt VI: „Der Wurzeltödter oder die Rothfäule der Rüben" eingehend beschäftigen.

Nach den Untersuchungen von Frank und Krüger gibt es aber auch einen specifischen Rübenpilz, Phoma Betae Frank, welcher nicht nur die Herz- und Trockenfäule der erwachsenen Rüben, sondern auch den Wurzelbrand verursacht. Nach dem häufigen Vorkommen ist dieser Pilz, wie Frank der Meinung ist, als einer der Hauptveranlasser dieser Krankheit anzusehen. Mit den von dem Pilz befallenen und getödteten Theilen der Rübenpflanzen gelangen die Sporen des Pilzes in den Ackerboden, verbleiben hier längere Zeit keimfähig und werden erst dann wieder zur Keimung und zur Wiedererzeugung des Pilzes veranlasst, wenn sich die ihnen zusagende Nährpflanze wieder darbietet. Daraus ist nach Frank das von ihm so häufig beobachtete Auftreten des Wurzelbrandes gefunden, nachdem angenommen werden muss, dass die Keime von Phoma Betae, sowie diejenigen der anderen, den Wurzelbrand erzeugenden Pilze sehr verbreitet im Ackerboden sind und dass das junge Rübenpflänzchen ein den Angriffen dieses Pilzes besonders ausgesetztes Object ist. Der Pilz Phoma Betae kann nur mit dem Rübensamen eingeführt werden, nachdem Frank auf den Samenknäueln die vollkommen ausgebildeten, sporenerfüllten Früchte des Pilzes, die sogenannten Pykniden, vorgefunden hat. Mit der Reife des Samens trocknen die Pykniden vorübergehend ein, ihre Sporen bleiben aber keimfähig; dieselben werden, sobald der Same ausgesäet ist, ausgestossen und bewirken dadurch die Infection der aus solchen Samen aufgehenden Keimpflänzchen. Nach Krüger ist bei dem durch Phoma Betae erzeugten Wurzelbrand zunächst wohl durch passende Desinfectionsmittel Abhilfe zu erhoffen. Die Kupfer-Kalklösung entspricht nicht immer den gehegten Erwartungen und ist daher in ihren Wirkungen unsicher. Hingegen scheint aber in der Carbolsäure ein bestimmtes und sicher wirkendes Vernichtungsmittel vorzuliegen. Es ist wahrscheinlich schon eine 1%ige Lösung, 15 Stunden angewendet, vollkommen hinreichend, um in den Phomasporen starke Schrumpfungen zu erzeugen, so dass eine spätere Keimung ausgeschlossen ist. Die auffallende Thatsache, dass eine durch inficirte Erde verdorbene Parcelle, deren Pflanzen sich vom Wurzelbrand, resp. Phoma ergriffen ausweisen, dennoch mitunter einen verhältnissmässig üppigen Stand der Rüben zeigen kann, erklärt sich nach Krüger auf folgende Weise: Nach vielfachen Beobachtungen sind auf einem solchen Felde nicht nur die umgefallenen Pflanzen von der Krankheit ergriffen, sondern auch, wiewohl in geringerem Grade, viele andere aus der Nachbarschaft, ohne dass man es ihnen äusserlich ansieht. Die oberirdische Partie erscheint gesund, während der unmittelbar unter der Erdoberfläche liegende Theil des hypokotylen Gliedes schon die charakteristische Bräunung zeigt. Durch Culturversuche liess sich Phoma nachweisen. Solche Pflanzen geben leicht zur Täuschung Veranlassung und erschweren jedenfalls die Beurtheilung in Bezug auf die Anzahl der erkrankten Pflanzen. Die im geringeren Grade erkrankten Pflanzen können sich unter Umständen wieder erholen, grösser und kräftiger werden, und spielen namentlich die Witterungsverhältnisse für die Entwicklung des Pilzes eine grosse Rolle.

Krüger erscheinen zur Bekämpfung der Krankheit eine passende Desinfection (siehe oben) neben starker, der Rübe besonders zusagender Düngung, um sie durch kräftige Entwicklung gegen äussere Einflüsse möglichst widerstandsfähig zu machen, die besten Gegenmittel zu sein. Bei Benützung des Scheideschlammes ist jedoch die grösste Vorsicht zu beachten, da dieser, besonders in feuchtem Zustande, direct die Entwicklung des Pilzes zu begünstigen scheint.

Aus dieser Bemerkung Krüger's ist zu entnehmen, wie sehr die Ursachen des Wurzelbrandes verschieden sein müssen und wie sehr diese Krankheit als — wenn man so sagen darf — von localen Verhältnissen abhängig zu betrachten ist. Aus den früher hervorgehobenen Mittheilungen Frank's geht hervor, dass der Scheideschlamm vorbeugend wirkte und nach Krüger muss seine Anwendung mit Vorsicht aufgenommen werden! Also zwei ganz entgegengesetzte Meinungen, die sich wahrlich nicht unter einen Hut bringen lassen.

Es ist daher die in neuester Zeit geäusserte Anschauung ganz berechtigt, dass man es beim Wurzelbrand mit grosser Wahrscheinlichkeit mit verschiedenen Krankheiten mit gleichen Symptomen zu thun hat, welche durch verschiedene Ursachen hervorgerufen werden können. Ueber das Wesen dieser Krankheit ist die Forschung einig, nicht so aber über die Ursachen derselben. Mit den Anschauungen, die wir bis jetzt hervorgehoben haben, und die, wie zu ersehen war, recht verschiedener Natur sind, ist aber die Frage der Ursache des Wurzelbrandes noch lange nicht erschöpft, im Gegentheil, es treten weitere Anschauungen auf, die in ihren Resultaten ganz von einander abweichen und die Frage wesentlich compliciren, umso mehr als jeder Forscher die einzig richtige Lösung der Ursache der viel umstrittenen Krankheit endgiltig gefunden zu haben behauptet.

Von diesen Ansichten nennen wir zuerst diejenige von Vaňha. Derselbe behauptet, dass die Ursache des Wurzelbrandes ein mikroskopisch kleiner Wurm der Gattung Tylenchus (Bast.) ist. Die Grösse

dieses Wurmes variirt von 0·4 *mm* bis weit über 1 *mm*, die Breite ist
etwa 0·02 *mm*. Die stachelige Mundbewaffnung macht ihn zum Schäd-
ling, der nur parasitisch leben kann. Vaňha gehört also zu denjenigen
Forschern, welche wieder die thierischen Schädlinge als die Urheber
des Wurzelbrandes ansehen. Zur Bekämpfung empfiehlt er eine starke
Aetzkalkdüngung und gehöriges Austrocknen des Bodens neben einer aus-
giebigen Düngung mit den drei wichtigsten Nährstoffen, insbesondere
mit Stickstoff und Phosphorsäure oder mit gutem Stalldünger und
Compostdünger. Die günstige Wirkung der Aetzkalkdüngung lässt sich
dadurch erklären, dass der weiche Körper des Wurmes die Alkalität des
Kalkes nicht verträgt. Der Kalk in gewöhnlicher Pulverform scheint
zu diesem Zwecke besser zu sein, als der Saturationsschlamm, welcher
sich im Boden nicht so fein vertheilen lässt und nicht so stark ätzend
ist. Dass der Kalk an einigen Stellen nicht gewirkt hat, lässt sich dadurch erklären, dass der Boden entweder nicht genügend gedüngt war,
oder dass die Rübe durch Trockenheit, z. B. an den Anstichfurchen,
oder durch andere Umstände, zu schwach geblieben und leichter erkrankt ist. Auch Holzasche soll sich gut bewährt haben.

Jensen greift wieder darauf zurück, dass ein Schmarotzerpilz,
sehr wahrscheinlich Pythium de Baryanum, die Krankheit veranlasst, dass derselbe in Samenknäueln überwintert, dass er von dort
in die junge Pflanze eindringe, dass sich die Incubationszeit genau
nach der Temperatur richte, dass der Krankheitserzeuger, nachdem er
Theile von dem äusseren Zellengewebe des Wurzelkörpers zerstört hat,
abermals in den Samenknäueln zum Vorschein komme und dass
endlich die Krankheit bei dichtem Pflanzenstand in hohem Grade an-
steckend von Pflanze zu Pflanze wirke.

Jensen sieht die Bekämpfung der Krankheit in einer Desinfection des Rübensamens nach einer von ihm empfohlenen Methode.
Dieselbe besteht darin, dass die zu präparirenden Rübenkerne vorerst 6 Stunden in Wasser eingequellt werden. Hierauf wird das über-
schüssige Wasser entfernt, die feuchte Rübensamenmasse an einem
nicht zu trockenen Orte 10 bis 12 Stunden sich selbst überlassen;
nach Ablauf dieser Zeit wird das Saatgut in heisses Wasser von
53½,° C. 5 Minuten lang in der Weise eingetaucht, dass die Knäuel
nach 10 bis 15 Secunden langem erstmaligen Verbleiben in dem heissen
Wasser herausgehoben und erst nach einer mehrere Secunden währen-
den Pause wieder eingetaucht werden und so fort. Die aus dem
Warmwasserbade kommende Masse wird rasch mit kaltem Wasser
abgekühlt und dann in dünner Schichte zum Trocknen ausgebreitet.

Hollrung hat diese Methode einer eingehenden Prüfung unter-
zogen und gefunden, dass die günstigen Keimungs- und Wachsthums-

verhältnisse, welche nach derselben resultiren, ausschliesslich der Einwirkung des kalten Wassers zuzuschreiben sind, welche letztere Wirkung übrigens schon lange bekannt ist.

Während Vaňha die Ursache der Krankheit also in dem Wirken eines thierischen Feindes — aber nicht des Moosknopfkäferchens — sucht, Jensen dieselbe hingegen in einer pilzlichen Ansteckung glaubt, gelangt Hiltner zu ganz anderen Anschauungen. Derselbe ist wohl der Ansicht, dass Parasiten die Ursache des Wurzelbrandes sind, dass diese Parasiten aber keine thierischen Schädlinge, auch nicht Pilze sind, sondern Bacterien. Hiltner fand, dass in jeder Oberhautzelle der Wurzel, welche ein verkümmertes Haar trug, eine ganz bestimmte Bacterien-Stäbchenart anzutreffen war, welcher auch die schliessliche Zersetzung der jungen Rübenwurzel zugeschrieben werden muss. Fördert dagegen die physikalische Beschaffenheit des Bodens das Wachsthum derart kränkelnder Rübenpflänzchen, so können diese unter Umständen auch ausheilen, erstarken und weiter gedeihen. Hiltner ist schliesslich der Ansicht, dass die betreffende Bacterienart durch ein unzweckmässiges Ernteverfahren und ungenügendes Trocknen der Rübenknäule auf diesen zur Entwicklung gelangt.

Stoklasa, auf dessen Anschauung über die Ursache des Wurzelbrandes ich im Folgenden noch zurückkomme, hält Hiltner's Hypothese, betreffend der Entstehung des Wurzelbrandes, für nicht richtig, was Hiltner übrigens zurückgewiesen hat. Nach Stoklasa's Beobachtungen dringen Pilze und Bacterien in den gesunden Organismus der Zuckerrübe nicht ein (ausgenommen etwa die Rhizoctonien). Soll ein Parasit oder ein Pilz in das Gewebe des Zuckerrübenorganismus eindringen können, so muss nothwendigerweise eine Störung der „vitalen" Thätigkeit in den lebenden Molecülen und ein geschwächter normaler Assimilations- und Dissimilationsprocess vorangehen.

Im Uebrigen steht aber Stoklasa nach seinen neueren Forschungen auch auf dem Standpunkte, dass Bacterien den Wurzelbrand zu erzeugen vermögen, nachdem er folgende Arten dazu für befähigt befunden hat: Bacillus subtilis, B. liquefaciens, B. fluorescens liquefaciens, B. mesentericus vulgatus und B. mycoides.

Hiltner's Ansicht scheint auch die Sorauer's zu sein, wie aus einer Aeusserung desselben hervorgeht. Von den „Blätter für Zuckerrübenbau" wurden nämlich statistische Erhebungen über die im Jahre 1893 aufgetretenen Krankheiten und Feinde der Zuckerrübe eingeleitet, deren Ergebnisse von Sorauer bearbeitet wurden. In Bezug auf den Wurzelbrand sind damals zahlreiche Klagen eingelaufen, doch sieht man diese Krankheit im Gegensatze zu der Herzfäule in ausgesprochener Localisirung. Die überwiegende Anzahl der Beobachter sprach sich dahin aus, dass Kalkzufuhr den Wurzelbrand wesentlich vermindere, unter Umständen gänzlich unterdrücken könne. In einzelnen Fällen wurden der Moosknopfkäfer und die Larven einer Fliege (Drosophila funebris) als Schädiger erkannt. Ebenso konnten nur für bestimmte Fälle gewisse Mycelpilze, wie Leptosphaeria circans als die Ursache der Erscheinung bezeichnet werden. Es können aber auch andere Ursachen, d. h. weder Thiere noch Mycelpilze den Wurzelbrand hervorrufen und Sorauer hält diese Form für die typische und gefährlichste Art. Er glaubt, dass diese Krankheit parasitär ist und durch Bacterien hervorgerufen wird, denn solche finden sich stets an den jüngsten Krankheitsherden; ob man es mit einer allgemein verbreiteten Bacterie zu thun hat, die nur durch für sie günstige Vegetationsbedingungen zu aussergewöhnlicher Vermehrung gelangt, muss weiteren Untersuchungen anheim gestellt werden. Sorauer vermuthet den letzteren Fall.

Wenn wir nun die Arbeiten, welche den Wurzelbrand betreffen, weiter verfolgen, so kommen wir wieder auf Aeusserungen Karlson's, welcher, wie früher hervorgehoben, den sichersten Weg zur Bekämpfung des Wurzelbrandes in einer rationellen Cultur der Zuckerrübe sucht und auch auf diesem Standpunkte geblieben ist, den ihm seine Praxis in der Folge gelehrt hat. Wir haben gesehen, dass man der Desinfection des Rübensamens in den letzten Jahren grosse Aufmerksamkeit zugewendet hat und, wie wir weiter entwickeln werden, dies in neuester Zeit noch in weit erhöhterem Masse thut. Karlson steht jedoch in dieser Hinsicht, wie früher, auf einem theilweise ablehnenden Standpunkte, er bezeichnet diese Desinfection als „Strohhalm in der Noth", denn Desinfectionen können die Samen, die das Product schlechter, oft geradezu gewissenloser Cultur darstellen, nicht wieder gut machen; sie helfen bloss die Beweise und Anzeigen der liederlichen oder gewissenlosen Cultur zu verdecken und in dieser Hinsicht bringen sie dem Gesammtgedeihen der Industrie mehr Schaden als Nutzen.

Mit gutem Erfolge hat aber Karlson trotz alledem zur Desinfection eine 1 bis 2%ige Lösung von roher Carbolsäure auf Samen verwendet, die vorher im Laufe von drei Tagen bei einer Temperatur von 14 bis 15° R. mit Wasser eingeweicht waren. Eine 1 bis 2%ige Lösung von Kupfervitriol wirkte noch sicherer, obwohl sie nicht ganz frei von schädlichen Einflüssen auf das Keimen der Samen war. Bei einer einigermassen ordentlichen Samencultur darf es aber nach der Ansicht von Karlson zur Nothwendigkeit der Desinfection nicht kommen. Es handelt sich nur um gut ausgebildete, kräftige Eltern, gute Ernährung während der Samenperiode und um vollkommene Reife des Samens selbst. Auf diese Weise verfährt man in Russland und das Resultat

— 19 —

ist, dass man in diesem Lande den Wurzelbrand mehr vom Hörensagen
kennt. Wirklich verheerend tritt er nur dort auf, wo man es mit fremdem
Kaufsamen zu thun hat, der übrigens auch schon nach einer bis zwei
Generationen vollkommen normale gesunde Nachkommen gibt.

Stoklasa fand bei weiteren Untersuchungen die Ursache des
Verderbens des Organismus der keimenden Pflanzen in folgenden Erscheinungen: Ungünstige klimatische Verhältnisse, die Bildung der
Kruste auf der Erdoberfläche und der undurchdringliche untere Theil
des Bodens unterstützen ungemein die Prädisposition zu der allgemeinen Krankheit der keimenden Rüben. Ist während der stärkeren
Entwicklung eine Versäuerung des Bodens eingetreten oder der Luftzutritt auf die harten Krusten verhindert, so sterben die Keimpflanzen
an Erstickung. Die von verschiedenen Forschern aufgestellte Behauptung, dass Pilze die directe Ursache des Wurzelbrandes sind, hält
Stoklasa, wenigstens nach seiner früheren Anschauung, für nicht
richtig und erklärt er das Auftreten dieser Lebewesen für eine secundäre Erscheinung, eine Behauptung, für welche er übrigens keinen
stricten Beweis erbracht hat.

Das durch den sogenannten internen Brand hervorgerufene
Schwarzwerden der Würzelchen ist nach Stoklasa's Anschauung ein allgemeiner pathologischer Process im Organismus der Pflanze. Durch
„vitale" Processe bei Entwicklung des Keimpflänzchens, wie sich
Stoklasa ausdrückt, namentlich durch Entwicklung des Chlorophyll-
organes und der Assimilationsthätigkeit bei Wirkung der strahlenden
Energie, entsteht in den Keimpflänzchen die Oxalsäure, welche,
grösstentheils als Kaliumoxalat gebunden, als lösliches Salz in den
lebenden Zellen des Pflanzenorganismus circulirt. Die löslichen Oxalate
äussern eine tödtliche Macht auf das Karyoplasma und die Chlorophyllkörner, demzufolge diese Organe in ihren physiologischen Functionen erlahmen oder gänzlich absterben. Ist im Boden genügend
Calciumoxyd vorhanden, welches der endosmotischen Wirksamkeit
der Wurzelhaare zugänglich ist, so entsteht unlösliches Calciumoxalat,
welches bewirkt, dass die Bildung neuer Moleküle weiter fortschreitet,
die Pflanze sich also erholt und gedeihlich fortwächst. Ist Salpetersäure im Boden genügend oder in Ueberschuss vorhanden (bei intensiver Chilisalpeterdüngung), dann entwickelt sich das Keimpflänzchen
allerdings in lebhafter Weise, doch geht dabei eine Zunahme der
Oxalsäure Hand in Hand, und zeigt in einem solchen Falle das Keimpflänzchen bei ungenügendem Kalkzutritt im Boden eine grössere
Neigung zum Wurzelbrand. Es können aber Fälle eintreten, wo selbst
bei genügender Kalkmenge im Boden die Wurzelhaare die nöthige
Energie verlieren, um Calciumoxyd assimiliren zu können; die

2*

Ursachen hiefür sind mannigfaltiger Natur, und liegen vielfach auch in der Constitution des Bodens und seiner physikalischen Beschaffenheit unter Mitwirkung klimatischer Verhältnisse.

Wenn sich Stoklasa auch nicht bestimmt ausdrückt, so geht aber doch aus seinen unterschiedlichen Mittheilungen hervor, dass er in der Bodenqualität eine Ursache des Wurzelbrandes sieht und dass nebenbei auch die Düngungsverhältnisse eine Rolle spielen, also Ansichten, die mit denjenigen verschiedener anderer Forscher übereinstimmen.

Die vielfach behauptete Ansicht, dass eine ungünstige Bodenbeschaffenheit befördernd auf den Wurzelbrand wirkt, hat auch in neuerer Zeit Krawczynski durch Untersuchung einer grösseren Anzahl wurzelbrandiger Bodenproben bestätigt gefunden. Aus seinen Untersuchungen geht hervor, dass sich die wurzelbrandigen Böden durch einen hohen Gehalt an Feinsand auszeichnen (siehe Seite 10), sowie, dass sie durch Kalkarmuth auffallend sind. Es dürfte sich jedenfalls nothwendig erweisen, derartig wurzelbrandige Böden zu kalken; dies wird aber allein nicht ausreichen, es muss auch eine mechanische Verbesserung des Bodens erstrebt werden und dies kann nach Krawczynski's Meinung auch durch Aufbringen von Lehm und Anwendung grösserer Mengen Stalldünger, sowie durch zeitiges und öfteres Behacken geschehen, um dem Zusammenschlemmen derartigen Bodens nach Möglichkeit zu begegnen.

Bevor ich dieses Capitel schliesse, will ich noch einige praktische Beobachtungen hervorheben, die in den letzten Jahren gemacht wurden und die für die vorliegende Krankheit von Interesse sind.

Hollrung hat in früheren Jahren die Phosphorsäuredüngung als vorbeugendes Mittel gegen die Wurzelbrandbildung genannt. Dies wurde von Janeba durch einen praktischen Feldversuch bestätigt. Die mit Phosphorsäure gedüngten Rüben gingen kräftig auf, auftretender Wurzelbrand wurde nach wenigen Tagen überwunden, die Rüben wuchsen freudig weiter und ergaben schliesslich eine Ernte von 240 Centnern per Morgen. Die nicht mit Superphosphat gedüngten Pflanzen gingen spät und kümmerlich auf und es blieben nur 20% lebensfähig. Die Folge davon war auch die magere Ernte von nur 80 Centnern per Morgen.

Es haben daher, wie Hollrung hervorhebt, alle die Landwirthe, deren Rüben mehr oder weniger regelmässig an Wurzelbrand zu leiden haben, in erster Linie zu untersuchen, ob der Kalkgehalt ihres Rübenbodens und die Menge der verabreichten Düngung mit wasserlöslicher Phosphorsäure ausreichend sind zur Sicherung eines freudigen Wachsthums der jungen Rüben bald nach deren Aufgang. Erst wenn trotz vermehrter Kalk- oder Phosphorsäurezufuhr der Wurzelbrand

nicht schwindet, wird an die Heranziehung directer Gegenmittel, wie
z. B. an die Samenbeize, zu denken sein.

Die Versuche Janeba's, sowie die Ansichten Hollrung's haben
auch von Seite praktischer Landwirthe vielfach Bestätigung gefunden,
nachdem von verschiedenen Seiten berichtet wird, dass durch eine
entsprechende Zufuhr von Superphosphat, wie auch Aetzkalk, also
durch Herstellung günstiger Wachsthumsbedingungen für die Rüben,
der Wurzelbrand bekämpft werden konnte.

Wie wenig es angeht, über ältere Mittheilungen und Ansichten
achtlos hinwegzugehen, zeigen die Beobachtungen Hollrung's aus dem
Jahre 1897. In diesem Jahre machte nämlich der Wurzelbrand den
Landwirthen sehr viel zu schaffen und bildete sich zu einer wahren
Calamität heraus. Die Krankheit trat diesmal in zwei Formen auf,
deren eine ausgesprochenermassen durch das Moosknopfkäferchen (Atomaria linearis) hervorgerufen wurde, während die
zweite eine unverkennbare Folge ungeeigneter Bodenverhältnisse
bildete. Das Moosknopfkäferchen wurde in einer selten zu
beobachtenden Massigkeit gefunden. Vor Allem hatten zeitig
bestellte Rüben unter der Krankheit zu leiden. Vielfach gelang es
mit Hilfe fortgesetzter Kalkdüngungen, besonders solcher von Scheideschlamm (!), den Wurzelbrand zu bannen.

Zum Schluss endlich, und damit seien die über die Ursachen des
Wurzelbrandes geäusserten Ansichten und Meinungen geschlossen, will
ich noch zur Vervollständigung des Capitels darauf hinweisen, dass
in jüngster Zeit Kudelka, in Uebereinstimmung mit früher geäusserten
Ansichten, in der zweckmässigen Anwendung der künstlichen Düngemittel einen Schutz gegen den Wurzelbrand erkennt. Er hat gefunden, dass die Phosphorsäure, die bis jetzt allgemein zu Rüben in
Form von Superphosphat, u. zw. breitwürfig zur Anwendung kommt,
nicht nur einen Mehrertrag hervorruft, sondern auch reifebeschleuni-
gend und infolge dessen auch erhöhend auf den Zuckergehalt der
Rüben wirkt. Diese Wirkung komme bei der Reihensaat viel deutlicher zur Geltung als bei der bis jetzt üblichen Breitsaat, und die
Anwendung von Superphosphat, insbesondere in Reihensaat, sei daher
das beste Mittel gegen den Wurzelbrand.

* * *

Wir haben also gesehen, ohne in dieser Zusammenstellung auf
Vollständigkeit Anspruch machen zu wollen, dass die Ursachen des
Wurzelbrandes sehr verschiedener Natur sein können. Ja, das Wort
„Wurzelbrand" lässt überhaupt verschiedenartige Deutungen zu, nach-
dem die verschiedenartigsten Krankheitsformen, deren Auseinander-

haltung nur dem Specialforscher möglich ist, in dieses Wort · einbegriffen werden. Der Wurzelbrand, also die Krankheit der Rübenwurzel in ihrem ersten Entwicklungsstadium, kann als keine einheitliche Erkrankungsform bezeichnet werden, es spielen hier die verschiedensten Factoren eine gewichtige Rolle, die auf den Charakter der Krankheit einen Einfluss ausüben, so dass Hollrung mit vollem Rechte das Wort „Wurzelbrand" nur als Sammelnamen bezeichnet. Nachdem nun die Ursachen dieser Krankheit sehr wechselnde sind, so wird auch die Bekämpfung eine sehr wechselnde sein müssen, wodurch sie naturgemäss bedeutend erschwert wird. Auf eine Reihe von Bekämpfungsmassregeln wurde bereits im Vorstehenden hingewiesen und des Ferneren auch hervorgehoben, dass man schon vor einigen Jahren von verschiedenen Seiten die Desinfection des Rübensamens besonders im Auge hatte. Die Frage der Infection des Rübensamens durch pflanzliche Parasiten steht jetzt aber im Vordergrunde des wissenschaftlichen und praktischen Interesses und wird in der verschiedensten Weise discutirt, so dass noch einige Worte angebracht erscheinen. Diese Frage der Pilzinfection hat auch, seitdem wir wissen, welche Rolle gewisse Pilze für das Auftreten bestimmter Krankheiten spielen, für den Landwirth ein grosses Interesse. Es ist daher ganz berechtigt, wenn der Landwirth gesundes Saatgut verlangt oder aber sein Bestreben darauf richtet, den Samen in bestimmter Weise zu desinficiren, um ihn gegen gewisse Pilze und Keime widerstandsfähig zu machen. Die Frage, ob es berechtigt ist, die Rübensamencontrole auch auf die Untersuchung bestimmter Mikroorganismen auszudehnen und daraus verschiedene Normen abzuleiten, will ich hier nicht erörtern, nachdem diese Frage, die in letzterer Zeit viel Staub aufgewirbelt hat, nicht Gegenstand meiner Erörterungen sein kann.

Die Samenbeizung — hauptsächlich gegen den Wurzelbrand — wurde in der verschiedensten Weise versucht und liegt diesbezüglich eine Reihe von Vorschlägen vor. Ferner versuchte man auch durch einige Verfahren die Keimungsenergie der Rübenkeime zu steigern, um dadurch ein schnelleres Auflaufen der Keimlinge zu bewirken.

Wie aus den früheren Erörterungen hervorgeht, so wurde die Anwendung der Carbolsäure als Beizmittel gegen den Wurzelbrand zuerst von Hellriegel und Wimmer vorgeschlagen. Nach Hellriegel bewährte sich 20stündiges Einweichen in eine 1%ige Carbolsäure am besten, nur war die Keimungsenergie etwas geschwächt. Wimmer hat durch 20stündiges Einweichen der Knäule in $1/_{10}$ bis 1%ige Salicylsäure nur eine theilweise Wirkung erzielt. Sublimat blieb wirkungslos; ein 20stündiges Einweichen in Chloroform verhinderte die Keimung fast vollständig, während bei kurzer Einwirkung der Erfolg ungenügend war. Kupfervitriol wirkte nur mangelhaft, günstiger wirkte Pearson-sches Creolin. Allen Ansprüchen genügte aber die Carbolsäure. Als die geeignetste Lösung erscheint die Concentration von 1% bei 20stündiger Einwirkungsdauer auf die Knäule.

Krüger erklärt zur Beizung der Rübenknäule gegen Phoma Betae 1%ige Carbolsäure für wirksamer als 2%ige Kupferkalklösung.

Hollrung erzielte dagegen vor Jahren durch das Imprägniren der Samen mit einer Lösung von Bittersalz und Carbolsäure in Wasser, bezw. einer ½%igen reinen Carbolsäure, nicht den geringsten Erfolg.

Karlson hat zur Desinfection Kupfervitriol empfohlen, doch wirkte eine 2%ige Kupfervitriollösung auf die sich entwickelnden Pflanzen selbst schädlich, während die Pilzsporen ihre Keimfähigkeit nicht verloren hatten. Leichter gelingt es, den Pilz durch rohe Carbolsäure oder Kupfervitriollösung zu tödten, wenn seine Sporen bereits gekeimt sind. Knäule, die drei Tage lang bei 14 bis 15° R. feucht gehalten waren (siehe oben), alsdann mit roher Carbolsäure, bezw. 1 bis 2%iger Kupfervitriollösung übergossen und nach zwei Stunden zum Trocknen ausgebreitet wurden, zeigten bei der Keimung eine Verminderung des Wurzelbrandes.

Nach Frank kann man sogar 20 Stunden lang die Rübensamen mit einer 1%igen Carbolsäurelösung oder einer 1 bis 2%igen Kupfer-vitriollösung, oder statt derer mit Bordolaiserbrühe anmachen, worauf dann die Samen wieder abgewaschen werden, ohne dass sich die Keim-fähigkeit merklich vermindert, nur wird bei Carbolsäure leicht die Keimung um einige Tage verlangsamt. Man erzielt aber damit ein sehr gutes und üppiges Auflaufen der Rübenkerne und oft eine be-deutende Verminderung, freilich nicht immer eine vollständige Ver-hütung des Wurzelbrandes, weil eben der Ackerboden selbst schon die betreffenden Pilzkeime enthält.

Girard hat gezeigt, dass die Behandlung der Rübenpflanzen mit Kupfersalzen zur Bekämpfung von Pilzkrankheiten von keinen schäd-lichen Wirkungen auf den Zuckergehalt begleitet ist, denn er fand folgende Zahlen:

Unbehandelte Parcellen	Kupferparcellen
520 Pfund Rüben	520 Pfund Rüben
14·15% Zucker	15·14% Zucker.

Der Rübenertrag war also derselbe und die mit Kupfersalzen behandelten Rüben wiesen einen ganz beträchtlich höheren Zucker-gehalt gegenüber den nicht behandelten Rüben auf. Bemerkenswerth weiter ist, dass in der Asche der Rüben von den Kupferparcellen kein Kupfer nachgewiesen werden konnte.

Nach Flemming genügen zum Einbeizen des Rübensamens 125 l 4%ige Kupfervitriolkalkbrühe pro Centner. Eine Schädigung der Keimkraft trat nicht ein.

Die Urtheile über die Wirkung der Carbolsäure, bezw. Kupfervitriolkalkbeize lauteten anfangs nicht durchwegs übereinstimmend; ob die beiden Mittel auf alle Organismen, welche den Wurzelbrand erzeugen können, tödtlich wirken, bleibt durchaus zweifelhaft, da z. B. keine Versuche über die Frage vorliegen, wie sich Kupfervitriolkalkbrühe gegen die Bacterien der Rübenknäule verhält. Gegen die beiden Beizmethoden wird auch geltend gemacht, dass ihre Anwendung nicht billig ist. Die Carbolsäure drückt überdies die Keimungsenergie herab, ein unter Umständen bedenklicher Umstand, denn es können dann die aus derart gebeizten Samen hervorgehenden Pflänzchen infolge ihres langsamen Auflaufens durch die Erreger des Wurzelbrandes oder sonstiger Schädiger der jungen Rübenpflanze im Boden mehr geschädigt werden, als ungebeizt gebliebene. Je schneller aber das Rübenpflänzchen aufläuft, umso mehr wird es den pflanzlichen Feinden entwachsen.

Tetrev bereitet 1 bis 10%ige Kupfervitriollösungen und 5 bis 30%ige Chilisalpeterlösungen (je nach örtlichen Verhältnissen) und mischt dieselben zusammen. In das Gemisch wird der Same eingeschüttet, mit der Hand oder mittels Mischmaschine tüchtig durchgemischt, dann auf ein Sieb gebracht, damit die Flüssigkeit abtropft, und hierauf an der Luft oder künstlich getrocknet. (Patentirt in Oesterreich.)

Zur Beschleunigung des Auflaufens der Rüben dient das gleichfalls patentirte Baranowski'sche Keimverfahren, welches auf der Beschleunigung des Keimens durch die Wärme von fermentirendem Dünger beruht. Ein viereckiger Kasten mit schiefen Wänden („Vulcan" genannt) wird in eine passende Erdvertiefung versenkt und die Höhlung genau mit Pferdedünger angefüllt, den man mit einer dünnen Schichte Stroh bedeckt. Der in die Erde versenkte Rahmen wird mit einem zweiten Deckel, der „Krone", überdeckt, welche einen Leinwandboden besitzt. Die Samen weicht man vor ihrer Verwendung durch 20 Stunden im Wasser von 30° C. ein. Nach dem Abtrocknen werden sie derart auf die Krone geschüttet, dass auf eine ¼ cm hohe Schichte Sand eine 1¼ cm hohe Lage von Samenkörnern zu liegen kommt, welche wieder mit einer Schichte Sand bedeckt werden. Die im „Vulcan" sich entwickelnden Gase durchdringen die Leinwand und befördern die Keimkraft. — Dieses Verfahren wurde von mehreren Seiten geprüft und sind die Versuche nicht ungünstig ausgefallen, nachdem das Verfahren thatsächlich eine rasche und kräftige Entwicklung der Pflanzen herbeigeführt haben soll, u. zw. auch unter den ungünstigsten Feuchtigkeitsverhältnissen. Zaleski hat aber gefunden, dass aus den so behandelten Knäueln mehr Wurzelbrandpflanzen hervorgehen sollen, als aus den unbehandelt gebliebenen, doch sollen jedoch die Pflanzen aus den vorgekeimten Samen die Krankheit infolge ihrer kräftigen Entwicklung am raschesten und leichtesten überwinden.

Auf das Warmwasserverfahren von Jensen wurde bereits hingewiesen (siehe Seite 16) und auch auf die von Hollrung durchgeführten Prüfungsversuche, welche übrigens nach den Untersuchungen dieses Forschers in letzter Zeit dahin gipfeln, dass der Methode jede Zukunft abzusprechen ist.

Die gleichfalls patentirte Beizmethode von Wägener beruht auf einer Behandlung der Rübenkerne bei einer gleichmässigen Temperatur von 48° C. 4 bis 5 Tage lang mit Wasserdampf und schwefeliger Säure und hierauf bei 40° C. mit Chlorgas. Die Behandlung wird in einem besonderen Apparate vorgenommen und sollen die in erwärmtem Zustande diesen Apparat verlassenden Kerne sehr schnell trocknen und eine erhöhte Keimungsenergie besitzen. In Deutschland arbeitet eine besondere Rübensamenbeizanstalt in Quedlinburg nach diesem Verfahren, welchem man übrigens anfangs kühl gegenüberstand und es nicht günstig beurtheilte. Hollrung hat dieses Verfahren geprüft und nach Versuchen in letzter Zeit gefunden, dass das Chlor einen nachtheiligen Einfluss auf die Keimfähigkeit des Samens nicht ausübt. Bei der Behandlung mit Dämpfen der schwefeligen Säure lag das Verhältniss ein wenig ungünstiger. Die Wirkung des Wasserdampfes ergab eine Steigerung der Keimkraft. Immerhin hat aber Hollrung die Rübensamen einer Firma, welche ihr Material nach der Wägener'schen Methode beizte, für nicht vollkommen frei von fremden Organismen gefunden. Ein sehr günstiges Resultat lieferte aber dieses Verfahren bei der Präparirung eines vier Jahre alten Samens, bei welchem es gelang, die Keimkraft bedeutend zu heben. Das Verfahren bildet sonach ein Mittel, alten Samen wieder vollständig jugendlich zu machen, was aber unter Umständen doch recht bedenklich werden kann, und Wege eröffnet, die nicht in den Bahnen eines rationellen Rübensamenhandels liegen. Nach den Untersuchungen Hollrung's steht fest, dass derart gebeizte Samen noch fremde Organismen enthalten können, und wäre es daher verfehlt, diesen Samen ein grösseres Vertrauen entgegenzubringen. Die Enttäuschungen möchten vielleicht ganz unangenehmer Natur sein.

Hiltner hat nun die vorliegende Frage in anderer Richtung zu lösen versucht, u. zw. von der Erwägung ausgehend, dass die Rübensamen, oder, besser gesagt, die Rübenknäule, in mehr oder minder hohem Grade an einer Eigenschaft leiden, welche auffallend an die

Hartschaligkeit der Leguminosensamen erinnert. Jedes Verfahren, durch welches in praktisch nutzbarer Weise die Keimkraft der Rübensamen erhöht werden soll, muss darauf berechnet sein, die Hartschaligkeit zu beseitigen. Ein Mittel, welches nun der Hartschaligkeit der Rübensamen begegnet, fand Hiltner in der concentrirten Schwefelsäure. Dieselbe übt keinen schädlichen Einfluss auf die Rübensamen aus, dagegen hatte die Keimungsenergie der gebeizten Samen in allen Fällen eine bedeutende Erhöhung erfahren und meist war auch die Keimkraft mehr oder minder gestiegen.

Nach dem Hiltner'schen Verfahren genügt es, die Rübenknäule mit concentrirter Schwefelsäure zu benetzen. Um möglichst wenig Säure zu gebrauchen, wird man für grössere Mengen von Rübenknäulen diese Benetzung zweckmässig mittels eines Rührwerkes oder einer Centrifuge vornehmen und reicht man dann pro Centner mit 10 kg Säure vollständig aus. Nach der Beizung entfernt man den grössten Theil der Säure durch den kräftigen Strahl einer Wasserleitung, übergiesst sodann die Rübenkerne, um die letzten Spuren der Säure zu entfernen, mit Kalkmilch, u. zw. so viel, dass neutrales Lackmuspapier gebläut wird. Die Kalkmilch lässt man ein bis zwei Stunden einwirken und entfernt sie dann wieder durch Wasser. Nach der Operation sind die Knäule geschwärzt und vollkommen glatt, nachdem alle äusserlich anhaftenden Theile, wie Kelchblätter und dergleichen, welche die Erreger des Wurzelbrandes beherbergen, vollständig von der Säure zerstört sind. Die mit Schwefelsäure behandelten Knäule lassen sich ausserordentlich leicht trocknen. Der durch die Umsetzung der Kalkmilch mit Schwefelsäure entstehende Gips setzt sich in den Ritzen der Knäule ziemlich fest und ist selbstverständlich vollkommen unschädlich, da man schon in früheren Jahren wiederholt vorschlug, die Rübenknäule vor der Aussaat zu gipsen.

Hollrung hat auch das Beizverfahren von Hiltner geprüft und damit sehr günstige Erfolge erzielt. Wenn auch dieses Verfahren in seiner jetzigen Form für die Praxis noch Schwierigkeiten hat, so wird es sich doch mit Abänderungen einführen lassen, schon darum, weil durch dasselbe die Keimkraft ganz gewaltig gesteigert wird. Hollrung brauchte auf ein Kilo Rübensamen 780 g Schwefelsäure und ist er der Ansicht, dass zur Erreichung desselben Effectes auch die gewöhnliche Schwefelsäure, von der ein Ballon 1·50 Mk. kostet, genügen werde. Dadurch würde die Benützung erleichtert sein, und könnte man schon nach fünf Minuten wieder neutralisiren. Immerhin ist aber, meiner Meinung nach, die Verwendung der Schwefelsäure in concentrirtem Zustande oder als Kammersäure, für den praktischen

Gebrauch nicht so einfach und gefahrlos, so dass der Anwendung des Verfahrens verschiedene praktische Hindernisse entgegenstehen.

Linhart fand an und in dem Rübensamen eine Reihe pflanzlicher Feinde, u. zw. am häufigsten Bacterien (Bacillus mycoides Flügge) und Phoma Betae Frank, weniger häufig Pythium de Baryanum Hesse, Fusarium beticola Frank, Cercospora beticola Saec. und Sporidesmium putrefaciens Fuckel. Die Keime dieser Parasiten befinden sich in der Form von Bacterien, Sporen und Mycelien, sowohl an der Oberfläche als auch im Innern der Knäule, meist in der äusseren Gewebepartie derselben, die durch die weitere Entwicklung der Blüthenhülle (Perigon) entstanden ist. Doch dringen diese Keime nicht selten auch in den braun gefärbten, harten Theil (Carpium) des Knäuels, mitunter sogar in den in der Fruchthöhle liegenden Samen ein und inficiren die Samentheile (Testa) und den Keimling (Embryo). Damit glaubt Linhart es als klar hinzustellen, dass obige Parasiten mit dem Samen verschleppt werden können und dadurch in den Boden gelangen. Die Vernichtung dieser Schädlinge ist daher geboten.

Linhart hat ebenfalls das Hiltner'sche Verfahren geprüft und damit recht günstige Erfahrungen erzielt. Durch dieses Verfahren werden aber jene Keime der Schädlinge, die im harten Theil des Knäuels sitzen, nicht getödtet, und dadurch ist es erklärlich, dass es auch bei diesem energisch wirkenden Beizverfahren kranke Knäule, resp. Keime, geben kann.

Linhart hat nun ein Verfahren erprobt, um die Keime der an und in den Rübenknäulen vorkommenden Schädlinge zu beseitigen, resp. zu tödten, ohne dem Rübenkeimling zu schaden, und besteht dieses Verfahren in Folgendem: Der für krank befundene Rübensame wird geschält, d. h. das lockere Gewebe des Knäuels bis zum steinharten Gewebe desselben entfernt; hiemit werden nur die an und in diesem Theile des Knäuels befindlichen Keime des Parasiten entfernt. Der geschälte Rübensamen wird dann in einer 2°/₀igen Kupfervitriollösung circa 20 Stunden lang gebeizt, damit die anhaftenden Keime der Parasiten getödtet werden, wobei die Keimfähigkeit des Rübensamens nicht im Mindesten leidet; im Gegentheil, sowohl die Keimungsenergie als auch die absolute Keimfähigkeit werden dadurch nur gehoben. Nur in dem Falle, wenn die Keime der Parasiten schon in das harte Gewebe des Knäuels eingedrungen sind, hilft auch dieses Verfahren nicht mehr.

Das Linhart'sche Verfahren mag ja befriedigend wirken, aber die Ausführung ist dermalen in der Praxis unmöglich; Linhart selbst meint, dass zur Schälung des Rübensamens erst eine zweckentsprechende Schälmaschine construirt werden müsste. Das ist wohl leichter gesagt als gethan, so dass dieses Verfahren einstweilen nur als ein Vorschlag zu bezeichnen ist.

In jüngster Zeit beschäftigten sich Wilfarth und Wimmer in eingehender Weise mit der Bekämpfung des Wurzelbrandes durch Samenbeizung und greifen hiebei auf die schon seinerzeit von Hellriegel und Wimmer empfohlene Anwendung der Carbolsäure zurück. Es wurde, wie bereits hervorgehoben, durch 20stündiges Behandeln des Rübensamens mit 1%iger Carbolsäure der Wurzelbrand in allen Fällen sicher beseitigt, doch beeinträchtigte die 1%ige Carbolsäure etwas die Keimungsenergie, so dass die damit behandelten Samen stets mindestens ein bis zwei Tage später aufliefen, als die übrigen. Dieser Uebelstand wurde durch Anwendung von 1/2%iger Carbolsäure, wie auch schon früher hervorgehoben wurde, gänzlich vermieden. Auch durch diese Beizung wird der Wurzelbrand fast ganz beseitigt und Keimkraft und Keimungsenergie werden nicht im Geringsten geschädigt, ja vielleicht sogar noch gefördert. Die Vorbedingung für die Wirkung der Desinfection ist die Anwendung geeigneter Carbolsäure, und gerade in diesem Punkte ist vielfach gesündigt worden. Die verwendete Carbolsäure muss völlig oder nahezu völlig in Wasser löslich sein, unter keinen Umständen darf ein geringer etwa zurückbleibender Rückstand aus braunen oder schwarzen ölartigen Tropfen sich vorfinden, denn dadurch wird erstens die Concentration der Lösung geändert und dann zweitens verhindern solche Rückstände, wo sie sich festsetzen, die Keimung überhaupt oder bringen die hervorbrechenden jungen Keime sofort zum Absterben. Die von Wilfarth und Wimmer verwendete, fast ganz lösliche Sorte kommt im Handel als Acidum carbolicum crudum liquid. 100% vor. Ferner ist auf das Trocknen des gebeizten Saatgutes zu achten. So lange nicht Apparate existiren, die das Trocknen im Grossen ermöglichen, benütze man am besten künstliche Wärme nicht. Werden die Samen an einem luftigen, nicht zu kühlen Orte in dünner Schicht ausgebreitet, wiederholt umgeharkt oder umgeschaufelt, so trocknen sie in so kurzer Zeit, dass eine Keimung nicht erfolgt. Bei ungünstiger Bodenbeschaffenheit kann allerdings eine Desinfection erfolglos sein und ausserdem, wenn der Boden den Wurzelbrandpilz in grösserer Menge enthält. Im letzteren Falle ist, nach Wilfarth und Wimmer, ausser der Desinfection auch noch Kalken und entsprechende Bodenbearbeitung erforderlich.

Nach den Erfahrungen der k. k. Samen-Controlstation in Wien ist, wie Komers mittheilt, die Desinfection bei stark mit Phoma inficirten Samen so gut wie aussichtslos. Bei Samen jedoch, an denen die Krankheitserreger nur äusserlich anhaften oder vielleicht wo Bacterien die Ursache der Erkrankung sind, mag die Wirkung der

Desinfection eine ganz befriedigende sein. Samen, welche sich bei der Keimprobe durch das Auftreten einer grossen Anzahl von kranken Keimlingen auszeichneten, ergaben sogar nach der Behandlung mit der Hiltner'schen Desinfectionsmethode fast ebenso viel kranke Keime als die ursprünglichen Samen. Dies ist nur dadurch zu erklären, dass das Phomamycelium in tiefere Gewebepartien des Knäuels, bezw. der Frucht, vordringt, wohin die Wirkung des Antisepticums sich nicht mehr erstreckt.

Wenn man die Frage in ganz objectiver Weise betrachtet, so ist es ganz sicher, dass die Desinfection des Rübensamens in vielen Fällen von ausserordentlichem Nutzen sein wird, jedoch wäre es ein verfehlter Standpunkt, hierin das ausschliessliche Heil zu suchen. Wenn die den Wurzelbrand erzeugenden Pilze sich schon im Erdboden befinden — und dies ist vielfach der Fall — dann nützt überhaupt eine Desinfection gar nichts. Ob parasitäre Krankheiten — also auch der Wurzelbrand, wie von verschiedenen Seiten behauptet wird — wirklich ihren Ausgang vom Rübensamen aus nehmen, ist bis jetzt, über allem Zweifel erhaben noch nicht bewiesen worden. So hat Hollrung festgestellt, dass man mit demselben Rübensamen auf demselben Ackerstück wurzelbrandfreie und wurzelbrandige Rüben züchten kann, u. zw. je nach der Düngung, und dass man ebenso mit demselben Rübensamen in einer Wirthschaft gesunde, in der anderen Wirthschaft mit anderem Boden und anderer Behandlung des Bodens wurzelkranke Rüben erhalten kann.

Zu ähnlichen Resultaten bin ich ebenfalls nach zweijährigen Versuchen, u. zw. mit einem Samen, der durch Phoma Betae inficirt war, gekommen. Der Keimversuch im Sandkeimbette lieferte eine ungemein grosse Anzahl kranker Keimlinge und als ich denselben Samen auf einem Felde auslegte, welches niemals Rüben getragen hatte, konnte ich keine einzige kranke Rübe erhalten. Dieselben entwickelten sich in beiden Jahren vielmehr in ganz normaler Weise. Zu denselben Resultaten ist nach mündlicher Mittheilung auch Briem gelangt.

Sorauer wirft ganz berechtigt die Frage auf, wieso es komme, dass manche Pilze, die an allen Orten vorkommen, doch nicht immer krankheitserregend wirken. Dieser Forscher beantwortet nun diese Frage dahin, dass die Witterungsverhältnisse oder in anderen Fällen die Cultureinflüsse ausschlaggebend seien im Kampfe der Organismen gegen einander. Jahre, die arm an Licht und Wärme und reich an Niederschlägen sind, erzeugen, obwohl dieselbe Species, dieselbe Varietät gebaut wird, ganz andere Individuen als heisse, trockene Jahrgänge, welche Umstände anderseits gleichzeitig auch massgebend sind für die Vermehrung und Ausbildung der auf den

Pflanzen vorkommenden Parasiten. Unter diesen Umständen tritt ein Schwächestadium der Nährpflanzen zu Tage, während umgekehrt gleichzeitig für den Pilz die günstigsten Vermehrungsbedingungen geboten werden. Sorauer legt daher auf die disponirende Ursache das Hauptgewicht und stützt seine Ansicht auf verschiedene Thatsachen. So weist er darauf hin, dass manche strenge Parasiten, wie z. B. die Rostarten, anscheinend an keine schwächenden Entwicklungszustände der Nährpflanzen gebunden sind, trotzdem haben jedoch neuere Forschungen bewiesen, dass es auch für das Auftreten dieser Pilze disponirende Ursachen gibt. Sorauer meint nun, dass eine vorbeugende Methode erfolgreicher sein dürfte, als eine Heilmethode, und es daher die Aufgabe des Landwirthes sein wird, seine Felder zu überwachen; bei den ersten Anzeichen einer Erkrankung wird dann die Feststellung des Parasiten (wenn es sich um einen von Witterung und Culturmethode abhängigen Fall handelt) nicht selten die Richtung angeben, in welcher Weise die Cultureingriffe zu erfolgen haben, um disponirende Eigenschaften der Nährpflanze zu beseitigen.

Nach Allem wird also bei der Bekämpfung des Wurzelbrandes nicht allein die Desinfection des Rübensamens zu beachten sein, sondern es werden auch andere Factoren berücksichtigt werden müssen, welche diese Krankheit befördern.

Hieher gehört zuerst das Wetter. Nasskaltes Wetter und kalte Böden können zur Zeit des Auflaufens des Rübensamens grossen Schaden verursachen. Die Rübenpflänzchen befinden sich hier im zarten Jugendzustande und sind dann gegen äussere Factoren ausserordentlich empfindlich. Vielfach wird auch Dürre als beförderndes Moment angegeben, was dadurch zu erklären ist, dass hiebei in der Entwicklung der Pflänzchen eine Hemmung infolge des Wetters eintritt und sie dann ebenfalls leicht den Angriffen der Pilze unterliegen. Es ist dann nicht zu verwundern, wenn bei rechtzeitig eintretendem Regen sich die Culturen wieder zu erholen beginnen. Starker Sturm bei Dürre bedingt auch ein rascheres Welken der Pflänzchen und trägt daher unter Umständen ebenfalls zur Ausbreitung des Wurzelbrandes bei.

Von besonderem Einfluss ist ferner die Beschaffenheit des Bodens und Hollrung behauptet geradezu — und auch, wie mich meine Versuche dahin geführt haben, vielleicht mit Recht — dass der Boden der Verursacher des Wurzelbrandes sei. Die Lockerung des Bodens, die Art der Düngung, kurz die ganze Cultur desselben spielen dabei die Hauptsache. Wie die Erfahrung lehrt, so ist eine Düngung mit genügenden Mengen leicht löslicher Phosphorsäure als ein gutes Gegenmittel zu bezeichnen. Darüber liegen speciell bestimmte Erfahrungen aus dem Jahre 1895 vor, wo es in einem Falle gelang, durch Düngung mit 16% Superphosphat des

Wurzelbrandes schnell Herr zu werden, während auf der ungedüngten Fläche nur 20% der Pflanzen lebensfähig blieben.

Nach Hollrung sind, und damit sei das Resumé der letzten Erfahrungen über den Wurzelbrand gegeben, richtige Bodenbearbeitung, namentlich bei schweren, thonreichen, an der Oberfläche leicht krustirenden, sogenannten abbindenden Böden, fortgesetzte Kalkdüngung, reichliche Superphosphatdüngung, schweres Walzen und die Verwendung gut ausgekörnter Rübensamen die einzig brauchbaren Mittel zur Verhinderung dieser Krankheit. Immerhin ist aber auch eine Desinfection des Rübensamens im Auge zu behalten, die unter Umständen doch gute, vielleicht auch vorzügliche Dienste leisten wird.

Zum Schluss sei noch auf sogenannte Geheimmittel aufmerksam gemacht, die man zur Präparirung des Rübensamens empfohlen hat. Vor diesen Geheimmitteln ist nur in entschiedener Weise zu warnen. Ebenso ist auch das empfohlene Präpariren der Keime mit einem Düngemittel vollkommen überflüssig (siehe Seite 24), da es nichts nützt. Auch in dem Imprägniren der Rübensamen mit stark riechenden Stoffen, wie Petroleum, stinkendem Oel, Naphthalin etc. liegt, wie Hollrung fand, kein nennenswerther Vortheil. Die Stoffe verlieren bei längerem Lagern, ganz sicher aber nach kurzem Liegen im Boden ihre Wirksamkeit.

II. Der Dauerwurzelbrand.

(Tafel II.)

1. Aussehen und Verlauf der Krankheit.

Manchmal finden sich Zuckerrüben, die ein ganz sonderbares Aussehen zeigen. Bei flüchtiger Betrachtung sehen die Rüben eigenthümlich schorfig aus, u. zw. vom Kopf bis zur Schwanzspitze. Die Oberhaut ist zerrissen, und gehen die Risse sowohl nach der Länge als auch nach der Breite der Wurzel. Die Oberhaut sieht lederartig aus und beim Durchschneiden der Wurzel erweist sich das Fleisch derselben als ganz gesund. Eine Verringerung des Zuckergehaltes ist mit dieser Erscheinung nicht verbunden.

Hollrung beschreibt diese Erscheinung folgendermassen: Die Oberfläche ist vollkommen rauh, unebenmässig, mit flachen, abgesonderten und abgestossenen Gewebeportionen bedeckt, zwischen denen die gesunde, weisse Oberhaut hervorsieht. Die Form der Wurzel ist im Grossen und Ganzen pfahlförmig, dabei aber insofern abnorm ausgebildet, als die Seitenlinien derselben nicht in gerader Richtung, sondern in unregelmässiger Krümmung vom Kopf- zum Wurzelende verlaufen. Der

Kopf der Rübe, soweit er über der Erde gesessen hatte, hatte die gewöhnliche Beschaffenheit, der Rübenkörper war dahingegen nach der Mitte zu stark zusammengeschrumpft, infolge dessen solche Rüben annähernd die Form eines Hutpilzes besassen. Die Abnormitäten erstreckten sich nur auf das Randgewebe der Rüben, im Innern waren dieselben vollkommen gesund.

Diese Krankheitserscheinung ist eine sehr eigenthümliche und es ist nach den bisherigen Beobachtungen wirklich schwer, derselben eine bestimmte Eintheilung zu geben; einstweilen habe ich einen besonderen Hauptabschnitt gewählt. Trotz der schorfig-korkig-torfigen Veränderung der Oberhaut ist die Krankheit in ihrer ganzen äusseren Form vom Rübenschorf verschieden, ebenso auch von dem sogenannten „Gürtelschorf" (siehe die Hauptabschnitte IV und V), wie dies auch deutlich die Abbildung auf Tafel II zeigt. Hollrung ist der Ansicht, dass diese Erscheinung nichts weiter als ein Dauerwurzelbrand ist und da mir dies nach Beobachtungen in Ungarn ganz plausibel erscheint, so habe ich die Bezeichnung beibehalten. Vielleicht wird der Charakter dieser Erscheinung durch weitere Forschung genau präcisirt und ihr dann ein bestimmter Platz zugewiesen. Nach den Beobachtungen von Hollrung tritt diese Erscheinung bei jungen bleistiftdicken Rübenpflanzen sehr häufig auf; sie findet sich jedoch auch viel später vor, wo die Rüben schon eine bedeutende Grösse erreicht haben, wie die Abbildung auf Tafel II zeigt. So fand ich die Erscheinung auf Rüben, die im Gewichte von 149 g bis 559 g schwankten. Drei Rüben, welche im Gewichte von 224 g bis 310 g schwankten, zeigten Zuckergehalte von 16·0, 16·3 und 17·7°/₀ auf. Diese Erscheinung ist daher wohl bis auf Weiteres nicht als besonders gefährlich zu betrachten.

2. Die Ausbreitung der Krankheit.

Die Krankeit trat vor einigen Jahren, wie Hollrung fand, so stark auf, dass 50°/₀ der Rüben befallen waren. In einem Falle — bei einem nordabhängig gelegenen Boden mit Thon- und Lehmunterlage — hatte der Boden stark unter Feuchtigkeit zu leiden, so dass die Bestellung bis auf den 8. Mai verschoben werden musste. Bereits nach der ersten Hacke wurden Lücken im Bestande erkenntlich und die ausgezogenen Pflanzen zeigten schwarze Wurzelspitzen. Hollrung hat die Krankheit im Vorjahre in allen Theilen der Provinz Sachsen gefunden.

Im Vorjahre ist diese Erscheinung nach meinen Beobachtungen auch in Ungarn nicht unhäufig zu beobachten gewesen und bezifferte man in einem Falle den Umfang auf circa 30°/₀.

3. Die Entstehung der Krankheit.

Von verschiedenen Seiten hat man theils die Erdasseln, theils Blitzschläge für diese Krankheitserscheinung verantwortlich machen wollen. Nach Hollrung ist aber diese Erscheinung, wie erwähnt, nichts weiter, als ein durch Ungunst der Witterung im Vereine mit ungünstigen Verhältnissen hervorgerufener Dauerwurzelbrand, dessen Entstehungsursache in den häufig eingetretenen kühlen Sommernächten zu suchen ist. Die Rüben haben des Tages über sehr grosse Mengen Feuchtigkeit aufgenommen, infolge dessen ist bei den darauffolgenden starken nächtlichen Abkühlungen des Bodens das Oberhautgewebe geplatzt. Den Grund des häufigen Auftretens in den beiden letzten Jahren sucht Hollrung*) auch in dem Mangel an Frösten während der beiden Winter 1897/98 und 1898/99. Dem Boden fehlt offenbar die Wintergahre und finden sich deshalb, trotz guter Bestellung, abbindende Flecken und Schollen genug im Acker vor. An derartigen Stellen hat die Rübe nicht genug Luft, worauf unter Einwirkung irgend welcher Bodenbacterien die oberflächliche Verschorfung entsteht. Aehnliche Verhältnisse lagen wirklich dort in Ungarn vor, wo ich die Krankheit im Vorjahre beobachtete. Auf demselben Felde wurde anfangs nur Wurzelbrand beobachtet, der jedoch bald verschwand. Hollrung glaubt, dass genügende Winterfröste das Auftreten der Krankheit verhüten werden.

4. Die Bekämpfung der Krankheit.

Findet die Krankheit durch die zuletzt genannte Ursache wirklich ihre Entstehung, dann gibt es wohl kein Gegenmittel. Sonst könnten, nach Hollrung, nur solche Massnahmen in Betracht kommen, welche eine „Erkältung" der Rübenwurzeln, oder, was gleichbedeutend ist, eine übergebührliche Abkühlung des Bodens zu verhindern vermögen. Mittel dieser Art sind starke Kalkdüngungen, Drainage, kräftige Superphosphatgaben, häufiges Handhacken. In Jahren, welche sich feucht anlassen, bringe man auf Nordabhängen mit Thon- oder Lehmunterlage, auf notorisch etwas feuchte Aecker und auf Pläne, welche erst kurz vor der Bestellung zurecht gemacht werden konnten, keine Rüben.

---

*) Nach brieflicher Mittheilung.

III. Die Herz- und Trockenfäule.

1. Aussehen und Verlauf der Krankheit.

Der Beginn der Krankheit zeigt sich im Juli oder August, wenn zu dieser Zeit eine Periode grosser Trockenheit eintritt. Es treten dann die ersten Anzeichen auf, die man Herzfäule nennt. Mitten im Herzen der Rübe, während die alten unteren Blätter vertrocknet sind, werden einige der jüngsten Blättchen schwarz. Die Erkrankung der Herzblätter schreitet auch bis zum Absterben des eigentlichen Vegetationspunktes fort und ist dadurch die Verjüngung der Blätter vom Herzen aus vereitelt. Durch Ansatz neuer Blätter sucht die Rübe vielfach ihrem Verlust zu begegnen und gelingt ihr dies auch zuweilen, so dass sich die Pflanze einigermassen erholt. Vielfach aber stirbt der ganze Rübenkopf ab, so dass das Wachsthum aufhört, wobei aber die Wurzel manchmal ganz gesund bleiben kann, nachdem eben die Pflanze infolge günstiger Einflüsse die Krankheit überwindet. Die neuen Blätter werden von der Krankheit kaum ergriffen, bleiben vielmehr gesund, entwickeln sich rasch weiter und unterstützen das Wachsthum der Rüben. Zwischen diesen neuen Blättern sieht man deutlich die Spuren der überwundenen Krankheit, die sich durch das todte Herz charakterisiren.

Gewöhnlich erkrankt aber auch die Wurzel — also der Rübenkörper — und es tritt jene Erkrankung ein, die man als Trockenfäule bezeichnet. An irgend einer Stelle der Rübe nimmt das sonst weisse Grundgewebe der Rübe eine mehr blassgraue Beschaffenheit an. Die Verfärbung erweitert sich immer mehr und mehr, es tritt eine Bräunung ein und die erkrankten Stellen gehen in Fäulniss über.

Wenn man Herz- und Trockenfäule für zwei verschiedene Krankheiten hält, so gilt dies nur hinsichtlich des Theiles der Rübenpflanze, an welchem sich zufällig die Krankheit zeigt; ursächlich ist Beides dasselbe. Im Einklang damit steht dann auch, dass Herz- und Trockenfäule zusammen auf dem Rübenschlag auftreten, gewöhnlich sogar an einer und derselben Pflanze vereinigt. Rodet man August oder Anfang September die Rübenpflanzen aus, an welchen der Beginn der Herzfäule zu bemerken ist, so findet man sehr oft auch am Rübenkörper schon irgendwo eine Stelle, welche sich im Anfangsstadium der Trockenfäule befindet. Nicht selten ist auch der Fall, dass bei vorhandener Herzfäule der Rübenkörper derselben Pflanze noch intact ist; auch das Umgekehrte kommt vor, dass die Rübe schon irgendwo

eine kranke Stelle zeigt, während das Herz noch ganz gesund ist.
Dies sind aber nur Anfangserscheinungen, nachdem mit vorrückender
Jahreszeit Herz- und Trockenfäule immer allgemeiner werden.

Wenn daher vielfach bemerkt wird, dass die Faulstellen der
Rübenwurzel keineswegs immer mit den Faulstellen im Herzen der
Rübe in Verbindung stehen, sondern isolirt an der Seite des Rübenkörpers bald mehr oben, bald mehr unten auftreten, so kann sich dies
nur, wie erwähnt, auf das Anfangsstadium der Krankheit beziehen.
Die Krankheit kann allerdings insoferne auch einen grossen Fortschritt
zeigen, als durch Frassstellen von Erdraupen, Engerlingen etc. am
Rübenkörper Wunden entstehen, von wo aus die Fäulniss beginnt und
dann grösseren Umfang erreicht.

Die Trockenfäule beginnt gewöhnlich an einer oder an beiden
Backen der Rübe, nimmt also an demjenigen Theil, welcher das
stärkste Dickenwachsthum besitzt, ihren Ausgang. Die Krankheit geht
von der Oberfläche der Rübe aus, welche zuerst ergriffen wird. Die
Haut der Rübe wird missfarbig, ähnlich wie dies beim beginnenden
Rübenschorf auf Tafel VI zu sehen ist, und diese Missfärbung geht
auch auf das Fleisch der Rübe über. Beim Durchschneiden der Rübe
an der erkrankten Stelle sieht man dann ganz deutlich den Fortschritt
der Krankheit in das Innere des Rübenkörpers. Die Krankheit tritt
gewöhnlich nicht sehr tief ein und gibt die Abbildung auf Tafel V
ein deutliches Bild des Durchschnittes einer trockenfaulen Rübe. Die
Abbildungen auf den Tafeln III und IV zeigen den Gesammthabitus
einer trockenfaulen Rübe und war bei der Rübe auf Tafel III von
einer Pilzinfection nichts zu finden, während hingegen die Rübe auf
Tafel IV den Pilz Phoma Betae zeigte, auf welchen im Folgenden
noch zurückgekommen wird.

Die Fälle, dass sich Rüben wieder ausheilen, sind nicht so selten. Die
Pflanzen suchen sich durch Korkbildungen zu schützen, welche zwischen
den erkrankten Geweben und dem gesunden Theil des Rübenkörpers
gleichsam eine Isolirschichte bilden. Die kranken Partien werden dann
abgestossen und die Pflanze erholt sich bei günstigen Vegetations-
und Witterungsverhältnissen wieder. Die Spuren der überstandenen
Krankheit sind aber an der erwachsenen Rübe dann deutlich zu sehen.
Vielfach erholt sich aber die Rübe nicht, sondern die Krankheit nimmt
ihren weiteren Verlauf, so dass die Rübe dem Fäulnissprocess unterliegt. Dies ist schon auf dem Felde möglich, wenngleich diese Fälle
zu den extremen gezählt werden müssen. Gewöhnlich macht die Fäulniss
bei der Aufbewahrung der Rüben in den Miethen weitere Fortschritte,
die entweder mit dem gänzlichen Verderben der Pflanzen endigen, oder
aber doch so weit gehen, dass die Rüben nur ein minderwerthiges

3*

Material darstellen und besser nicht verarbeitet werden sollen. Auf jeden Fall erleidet die Zuckerfabrik einen Schaden.

Durch die Krankheit wird ein Theil des Zuckers zersetzt und ein anderer Theil in kupferreducirenden Zucker zurückverwandelt. Nach Frank gab die quantitative Zuckerbestimmung von in verschiedenem Grade an Trockenfäule erkrankten ganzen Rüben eines und desselben Feldes zur Erntezeit in einem Falle folgendes Resultat:

	kupferreducirender Zucker	Rohrzucker
schwach erkrankt	0·17%	17·90%
stark erkrankt	0·26%	15·00%
sehr stark erkrankt	0·28%	14·30%

Dass aber die Rückgänge im Rohrzuckergehalte noch weit beträchtlichere sein können, ist, je nach dem Auftreten der Krankheit, selbstverständlich. Abgesehen von ganz verrotteten Rüben, die ja ein verfaultes Material darstellen, habe ich im September trockenfaule Rüben vom Felde untersucht, deren Zuckergehalt bis unter 7% gesunken war.

Der Schaden, den die Krankheit verursachen kann, ist unter Umständen ein ganz bedeutender und äussert sich in der Qualität und Quantität der Rübe. Einerseits bleiben die Rüben infolge der Zerstörung des Blattapparates klein und erreichen nicht ihr normales Gewicht und andererseits nimmt der Zuckergehalt durch den Fäulnissprocess ab, so dass fabricativ ein ganz minderwerthiges Product entsteht. Wenn die Krankheit einen derartigen Fortschritt gemacht hat, dass die Rüben auf dem Felde gänzlich verfaulen, dann ist der Schaden natürlich noch ein grösserer. Allerdings ist aber zu berücksichtigen, dass dem trockenen Wetter, welches bei dem Auftreten der Trockenfäule eine gewichtige Rolle spielt, auch ein Antheil an der Ertragsverminderung bei dem gewöhnlichen Auftreten der Krankheit zugeschrieben werden muss.

2. Die Ausbreitung der Krankheit.

Die Herz- und Trockenfäule gehört neben dem Wurzelbrand zu den allgemein verbreiteten Rübenkrankheiten und ist sie schon in allen rübenbautreibenden Ländern Europas nachgewiesen worden. Die Krankheit tritt äusserlich erkennbar in oft verschiedener Weise auf. Sie zeigt sich entweder nur vereinzelt, so dass die kranke Rübe inmitten gesunder steht, oder aber sie tritt partien- und nesterweise auf oder endlich aber, sie hat einen derartigen Umfang erreicht, dass ganze Schläge von ihr ergriffen werden. Hiebei spielen verschiedene Factoren mit, die das Fortschreiten der Krankheit entweder begünstigen oder aber verhindern, so dass auf einem und demselben Schlage ganz

verschiedene Krankheitsbilder entstehen; man sieht dann Rüben, die
die Krankheit in schönster Entwicklung zeigen, und unweit davon
solche, die sich unter günstigen Verhältnissen wieder zu entwickeln
beginnen und alle Zeichen der Gesundung aufweisen. Je nach dem
Fortschreiten und der Entwicklung der Krankheit schwanken die Be-
schädigungen und sind Schwankungen von 2 bis 50°/₀ und noch mehr
nicht so unhäufig. Dass in letzterem Falle der Schaden infolge der
Ertragsverminderung ein ganz beträchtlicher werden kann, ist nach
dem früher Hervorgehobenen selbstverständlich.

3. Die Entstehung der Krankheit.

Ursprünglich hat man die Herzfäule und die Trockenfäule getrennt behandelt und lassen sich beide Krankheiten in der Literatur
bis zum Jahre 1845 zurück verfolgen. Ganz bestimmte Mittheilungen
über Trockenfäule liegen aus dem Jahre 1848 vor. In den früheren
Jahren hat man die Ursache der Herzfäule, namentlich nach den Untersuchungen v. Thümen's, in dem Auftreten des Pilzes Sporidesmium
putrefaciens Fuckel gesucht. Die Krankheitserscheinungen, die jedoch
dieser Pilz hervorruft, sind von der echten Herzfäule verschieden,
ausserdem wurde bis jetzt dieser Pilz als Urheber dieser Krankheit
nicht nachgewiesen, so dass es passend erscheint, um nicht Verwirrungen
in den Krankheitsbezeichnungen hervorzurufen, die von Sporidesmium
putrefaciens Fuckel hervorgerufenen Blattveränderungen als „Blattbräune" zu bezeichnen und sei diesbezüglich auf den Hauptabschnitt
XII: „Die Blattbräune (Sporidesmium putrefaciens Fuckel"
verwiesen. Von dem falschen Mehlthau oder der Kräuselkrankbeit der
Blätter, welche Blattkrankheit durch den Pilz Peronospora Schachtii
Fuckel hervorgerufen wird, ist die echte Herzfäule durch das Aussehen
der erkrankten Blätter verschieden, so dass eine Verwechslung nicht
so leicht möglich ist. Ueberdies wird beim falschen Mehlthau höchstens der
Kopf der Rübe ergriffen, niemals aber der eigentliche Wurzelkörper,
so dass schon darin ein Unterschied gegenüber der Trockenfäule
liegt. Diesbezüglich sei auf den Hauptabschnitt XI verwiesen.

Im Jahre 1892 ist nun Frank mit seinen Arbeiten über die Entstehung der Herz- und Trockenfäule in die Oeffentlichkeit getreten
und haben dieselben in der Folge grosses Aufsehen erregt, wie sie
auch Gegenstand mitunter kräftiger literarischer Fehden wurden.
Frank fand sowohl an den schwarz werdenden Herzblättern als auch
an den beginnenden Faulstellen mikroskopisch ein Pilzmycelium, gebildet aus ziemlich dicken, nämlich $0·0036$ bis $0·0054\,mm$ im Durchmesser haltenden, mit häufigen Querscheidewänden versehenen, farblosen Fäden, welche in dem kranken Gewebe wuchern, indem sie die

Zellhaut durchbrechen, den Innenraum der Zelle in verschiedenen Richtungen durchwachsen und sich dabei auch wohl verzweigen. Dieses Mycelium muss als der Erreger der Fäulniss der betreffenden Rübengewebe betrachtet werden. Die Früchte des Pilzes erscheinen dem unbewaffneten Auge wie zahlreiche in der Oberfläche des Pflanzentheils sitzende kleine dunkle Pünktchen; es sind dies Pykniden, d. h. braunhäutige, runde, etwa 0·2 *mm* grosse Kapseln oder Säckchen, welche unter der Oberhaut sitzen und mit einer porenförmigen Mündung, die sie am Scheitel besitzen, daraus hervorragen. Den die Krankheit constant begleitenden Pilz hat Frank Phoma Betae Frank genannt.

Der Pilz kann nach den Beobachtungen dieses Forschers auch eine Blattfleckenkrankheit hervorrufen, welche sich ebenfalls an der erwachsenen Rübenpflanze einstellt, aber in anderen Symptomen auftritt. Abweichend von der Herzfäule befällt der Pilz die erwachsenen Blätter zuerst, während das Herz gesund bleibt. Die erkrankte Rübenpflanze kann sich auch ziemlich lange hinschleppen, weil das thätige Herz für neue Blätter sorgt, die aber, kaum erwachsen, immer wieder der Krankheit zum Opfer fallen. Die widerstandleistenden Pflanzen zeigen im August einen auffallend geringer entwickelten Rübenkörper und liegt in dieser ungleichen Grösse des Rübenkörpers ein Unterschied gegenüber der Herz- und Trockenfäule, bei der die Rübe schon grösser ist, wenn die Krankheit im Herz und in der Rübe beginnt. Bei vorliegender Krankheitsform bleibt die Rübe meist ohne Faulflecken oder zeigt nur geringe Anfänge solcher, was eben wohl mit dem noch weit zurückgehaltenen Entwicklungszustande derselben zusammenhängen mag. Charakteristisch ist für diese Krankheitsform besonders das Aussehen und Verhalten der erkrankten Blätter und zeigt sich an denselben die Krankheit als eine Blattfleckenkrankheit. Die Blattflecken haben fast regelmässigen kreisrunden Umriss, wenn sie mitten in der grünen Blattmasse sitzen, und vergrössern sich, so dass sie bald die Grösse eines Mark- oder Thalerstückes erreichen können; sind mehrere Flecken auf einem Blatt vorhanden, so fliessen sie zusammen. Die Flecken haben zuerst eine graue Farbe, die sich bald in Braun verwandelt; es bilden sich in der Folge dürre Flecken, die sich abbröckeln, so dass ein Loch entsteht. Charakteristisch dabei ist immer das Vorhandensein von Phoma Betae. Eine Verwechslung dieser Phoma-Blattflecken mit anderen Pilzflecken der Rübenblätter kann nach Frank leicht vermieden werden, u. zw. sowohl mit Sporidesmium putrefaciens Fuckel — der Blattbräune — als auch mit Cercospora beticola Sacc. — der Blattfleckenkrankheit — denn beide Krankheiten sind in dem Aussehen der Flecken wohl charakterisirt. Bei der Phoma-Blattfleckenkrankheit kann auch der Blattstiel von dem Pilz befallen werden, wobei die Gewebefäulniss dann oft die ganze Dicke des Blattstieles durchquert. Das Blatt welkt dann ab und geht zugrunde.

Man kann, nach Frank, Phoma Betae überhaupt als einen wahren Rübenpilz bezeichnen, denn kaum ein Organ der Rübenpflanze und kein Lebensalter derselben ist vor den Angriffen desselben geschützt, höchstens etwa die feinen Saugwürzelchen der erwachsenen Pflanzen, an denen Frank noch in keinem Falle den Pilz gefunden hat. Thatsächlich sind folgende Theile der Rübenpflanze dem parasitischen Befall von Phoma Betae ausgesetzt: 1. Die Keimwürzelchen und Stengelchen, sowie Kotyledonen der Keimpflanzen (beim Wurzelbrand). 2. Die Herzblätter der erwachsenen Pflanze (bei der Herzfäule). 3. Der Rübenkörper (bei der Trockenfäule). 4. Die erwachsenen grünen Blätter (bei der Phoma-Blattfleckenkrankheit). 5. Die Stengel, Blätter und Zweige der Samenträger (bei der Samenstengelkrankheit). 6. Die reifen Samenknäuel (bei derselben Krankheit).

Dass die Conidien von Phoma Betae keimfähig sind und zur Wiederehtstehung der Krankheit Veranlassung geben, hat Frank erwiesen. Die Sporen kommen zur Keimung auf jeden beliebigen Theil einer lebenden Rübenpflanze auf; im blossen Erdboden, ebenso wie im reinen Wasser keimen sie nicht, doch behalten sie ihre Fähigkeit zur Keimung, wenn ihnen eine lebende Rübenpflanze geboten wird. Es kann also der Pilz im Erdboden auch für den Fall, dass ihm seine Nährpflanze längere Zeit nicht dargeboten wird, inactiv aushalten, aber sobald jenes geschieht, in Activität treten.

Phoma Betae ist der Rübenpflanze unter normalen Verhältnissen nicht schädlich, indem er dann nur saprophyt (als Fäulnissbewohner) an den Stielen der alten von selbst absterbenden Unterblätter wächst und fructificirt. Trockene Witterungsverhältnisse und trockene Lagen verschärfen den Angriff des Pilzes ungemein; er nimmt dann einen parasitären, perniciösen Charakter an, zerstört die Herzblätter und den Rübenkörper. Sporen von Phoma Betae, welche im Herbst von den kranken Pflanzen in den Erdboden gelangen, werden durch den Aufenthalt in der Erde an der Keimung verhindert, gehen in einen durch die Winterkälte bedingten Ruhestand über, aus welchem sie erst dann zur Keimung auferweckt werden, sobald sie mit dem blossen Saft der Rübenpflanze oder auch mit einem Theil der Rübenpflanze in Berührung kommen. Den Hauptsitz der Früchte des Pilzes bilden die alten abgestorbenen Stiele der Unterblätter, die sich glatt auf den Erdboden gelegt haben, u. zw. besonders in dem untersten, dem Rübenkopfe zunächst sitzenden Theil derselben.

Daraus geht hervor, dass der Pilz, wie Frank der Ansicht ist, wohl als ein nothwendiger Erreger der Krankheit, nicht aber als ein unter allen Umständen gefährlicher Feind anzusehen ist. Ist aber die Rübenpflanze einmal für den Pilz empfänglich, dann kann sie nicht bloss im vorgerückten Wachsthumszustande, wo eben die Herz- und Trockenfäule resultirt, sondern auch im Jugendzustande, wo der Pilz den Wurzelbrand verursacht, befallen werden.

Frank ist schliesslich der Ansicht, dass die Krankheit hauptsächlich durch die im Erdboden befindlichen Keime von Phoma Betae erzeugt wird, welche von kranken Rübenpflanzen herrühren, die früher auf dem Acker gestanden und die Früchte des Pilzes in zahlloser Menge erzeugt hatten. Durch die eigenthümliche Zurückhaltung der Keimung der Phomasporen, so lange die geeignete Nährpflanze nicht zugegen ist, und ferner durch die Fähigkeit des Pilzes, in Form des Myceliums auf faulenden Pflanzentheilen im Erdboden als Saprophyt weiter zu vegetiren, erklärt sich die lange anhaltende Infectionskraft des Bodens auch bei längerer Unterbrechung des Rübenbaues. Allerdings könne die Einschleppung aber auch durch den Rübensamen erfolgen.

Frank behauptet ferner, dass Phoma Betae nicht der einzige Pilz ist, welcher die Herz- und Trockenfäule der Rüben veranlasst, obgleich er jedenfalls der weitaus gewöhnlichste Erreger der Krankheit ist. In wiederholten Fällen hat nämlich Frank einen anderen Pilz gefunden, dessen parasitären Charakter er auch nachgewiesen hat. Er nannte ihn Fusarium beticola Frank; sein Mycelium besteht aus auffallend zarten, dünnwandigen Fäden und bildet an der Oberfläche der befallenen Theile einen weisslichen Schimmel.

Prillieux hat seinerzeit ebenfalls gefunden, dass die Herzfäule durch einen Pilz veranlasst wird, u. zw. durch Pyllostica tabifica, aus welchem aber noch vier andere Pilzarten, vermuthlich im Generationswechsel, entstehen. Nach Frank ist aber Pyllostica tabifica identisch mit Phoma Betae.

Die Veröffentlichungen Frank's über den Pilz Phoma Betae und dessen Rolle bei der Herz- und Trockenfäule haben nun einen grossen Widerstreit der Meinungen hervorgerufen, der jahrelang währte und auch jetzt noch nicht zur Ruhe gekommen ist. Es kann auch nicht verkannt werden, dass Frank über die Gefährlichkeit des Pilzes anfangs zu weitgehende Befürchtungen hegte und dadurch eine grosse Beunruhigung in die Kreise der Landwirthschaft trug. Zum Glück haben sich diese Befürchtungen nicht in dem Masse erfüllt, als es anfangs den Anschein hatte, so dass Frank die Ansichten im Laufe der Jahre doch milderte und in seinen letzten Mittheilungen die Gefährlichkeit des Phomapilzes etwas herabsetzte und denselben nicht mehr als den einzigen Erreger der Herz- und Trockenfäule bezeichnete.

Es kann an dieser Stelle nun nicht Aufgabe sein, alle die verschiedenen Meinungen, die in dem „Phoma-Streite" geäussert wurden, hervorzuheben, nachdem manche derselben kein praktisches Interesse mehr besitzen, wozu noch kommt, dass einige Rufer im Streite nicht ganz consequent waren, und sich in ihren Meinungen mancherlei Widersprüche finden. Ich will daher nur auf diejenigen Meinungen und Ansichten zurückkommen, die wirklich Interesse besitzen und aus welchen sich praktische Lehren ziehen lassen. Vorwegs muss aber betont werden, dass die ganze „Phoma-Frage" keineswegs abgeschlossen ist und ist dies auch bei den oft diametralen Gegensätzen, die hier herrschen, nicht möglich. Je mehr aber Wissenschaft und Praxis sich in Discussionen finden — und dies ist bei dieser Krankheit schon genug geschehen — umsomehr ist aber zu hoffen, dass es zu einer Klärung der Ansichten kommen wird, was auch umso nothwendiger wäre, als gerade die Herz- und Trockenfäule infolge des häufigen Auftretens vielfach die Sorge des Landwirthes bildet.

Sasse hat beobachtet, dass Düngungen mit Scheideschlamm und Kainit zur Beförderung der Trockenfäule wesentlich beigetragen haben und wurden ähnliche Beobachtungen auch von anderer Seite gemacht. Die Rüben erholten sich zwar nach Regen, nur ergab sich eine um 25°/₀ geringere Ernte und auch ein geringerer Zuckergehalt. In wiederholten Fällen haben aber Düngungen mit Aetzkalk nicht geschadet. Die Erklärung dieser Erscheinung liegt vielleicht darin, dass die reichlichen Mengen der Pflanzennährstoffe in dem Scheideschlamm die Rübenpflanzen in der Blattentwicklung fördern und dadurch das Missverhältniss zwischen Verdunstung und Wasseraufsaugung umso leichter auftritt. Im Jahre 1895 fand man, dass die Krankheit im Juli und August im Zusammenhange mit grosser Trockenheit stand, wiewohl vielfach die Stärke der Erkrankung mit dem Grade der Trockenheit nicht parallel ging. Als ausschlaggebend für die Entstehung der Krankheit hat sich vielmehr der Umstand ergeben, dass die Pflanze im Besitze eines einigermassen grossen Blattapparates, also einer grossen Verdunstungsfläche, einer ungenügenden Wasserzufuhr aus dem Boden begegnete. Im Jahre 1896 hat sich Phoma Betae, trotz der zum Theil überreichen Sommerniederschläge, zahlreich gezeigt, was beweist, dass die Herz- und Trockenfäule durch Phoma Betae, obwohl sie meist durch Trockenheit begünstigt wird, auch bei den reichlichsten Niederschlägen entstehen kann. Im Jahre 1897 fand man, dass Dürre allein die Krankheit nicht erzeugte und dass früher mit Scheideschlamm gedüngte Felder mit Sicherheit befallen wurden. Eine

Kalidüngung hatte keinen Erfolg gebracht; Frank fand sogar in einem Falle durch Verwendung der gewöhnlichen Kalidüngersalze eher eine Zunahme der Herzfäule. Im Jahre 1897 wurde die Krankheit, entsprechend der grossen Trockenheit im August, erst später, im September und October, beobachtet. Bemerkenswerth ist, dass die Krankheit nebst dem Pilz Phoma Betae mehrfach auf solchen Aeckern vorgekommen ist, die zum ersten Male Rüben trugen.

Richter hat ebenfalls gefunden, dass Düngungen mit Scheideschlamm in einem gewissen Zusammenhange zu dem Auftreten der Herzfäule stehen. Bei günstigen Witterungsverhältnissen wird sich die Wirkung dieser Düngung weniger äussern, in trockenen Jahren steht aber die Sache anders. Der Boden ist an Stellen mit erhöhtem Kalkgehalt heisser und trockener als sonst und sind die Rüben bei abnorm trockener Witterung an derartigen Stellen am empfindlichsten für die Pilzeinwanderung, welche Empfänglichkeit allerdings bei Eintritt von ergiebigem Regen wieder schwindet und in niederschlagreichen Jahren überhaupt nicht oder nur in geringem Masse zu Tage tritt.

Von manchen Forschern wird der Schorf der Kartoffeln und die Herzfäule der Rüben mit der Kalkdüngung in Beziehung gebracht, und nicht selten haben aufmerksame Beobachter diese Ansicht begründet erscheinen lassen. Doch kann dem Kalk, wie Holdefleiss hervorhebt, als solchem die Schuld an diesen Krankheitserscheinungen nicht ohne Weiteres beigemessen werden. Dieselben haben vielmehr ihre besonderen Ursachen parasitischer Natur, welche allerdings durch manche Zustände des Bodens in ihrer schädigenden Wirkung gefördert werden können. Wo ein Zusammenhang der Krankheit mit der Kalkung zu bestehen schien, da lag in der Regel der Fall vor, dass die austrocknende, zehrende Beschaffenheit des Bodens durch den Kalk zu sehr gefördert worden war. Auf Böden dagegen, welche ihrer Natur nach Kalk verlangen, sind nach dem Kalken noch niemals Kartoffelschorf und Rübenherzfäule aufgetreten.

Aus diesen einigen Mittheilungen ergibt sich also, dass der Scheideschlamm an dem Auftreten der Krankheit einen gewissen Antheil hatte und wurde dies speciell von einigen Forschern als ganz bestimmt und unter allen Fällen hingestellt. Das beweist aber, dass man sich um die Literatur nicht immer bekümmerte und frühere Veröffentlichungen vollständig ausser Acht liess. Ich habe daher einige Mittheilungen, die bis zum Jahre 1897 reichen, absichtlich vorgestellt, um dies auch zu beweisen. Ueber das Auftreten des Phomapilzes liegen nämlich schon aus dem Jahre 1894 sehr interessante Beobachtungen Hollrung's vor. Derselbe fand, dass die Erkrankung der Rübenwurzel durch Phoma Betae nothwendigerweise nicht immer dort vorhanden zu sein braucht, wo der Pilz die Blätter befallen hat, denn es fanden sich Rüben vor, welche oberirdisch an Phoma Betae erkrankt, unterirdisch jedoch vollkommen gesund waren. Besonders bemerkenswerth ist aber die Thatsache, dass nach den damaligen Beobachtungen Hollrung's der Scheideschlamm nicht die hauptsächlichste Ausbreitungsursache des Pilzes ist, nachdem er Rübenbreiten gesehen hat, welche phomakrank waren, obwohl seit Menschengedenken noch kein Kalk auf die fraglichen Pläne gefahren worden war.

Ebenso ist auch die Frage, inwieweit ein forcirter Rübenbau die Rüben für die Aufnahme des Pilzes geeigneter macht, noch nicht als abgeschlossen zu betrachten, nachdem die Krankheit auch auf Plänen auftrat, welche zum ersten Male Rüben trugen. Das Jahr 1893, in welchem die Krankheit in starker Weise auftrat, zeichnete sich durch eine extreme Trockenheit aus und liegt darin, wie Hollrung der Ansicht ist, die Ursache der Erkrankung. Die Rübe, welche längere Zeit im Wachsthum vollständig stockte, besass nicht mehr die Fähigkeit, dem Vordringen des Pilzes erfolgreich zu widerstehen. Bei genügend kräftigem Wachsthum der Rüben dürfte daher der Pilz viel von seiner Wirkung verlieren. Hollrung misst infolge dessen der Phomakrankheit keinen allgemein gefährlichen Charakter bei, doch ist es nichtsdestoweniger geboten, dieselbe beständig im Auge zu behalten, und damit hatte er, die Frage schon im Jahre 1893 richtig beurtheilend, viel zur Beruhigung in den Kreisen der Landwirthschaft beigetragen.

Derselbe Forscher hat den Phomapilz im Jahre 1894 in der ganzen Provinz Sachsen verbreitet gefunden, jedoch ihn aber niemals, wie die wirklichen Krankheitserreger der Rübe es thun, auf lebenden Blatt- oder Wurzeltheilen der Rübe angetroffen und dortselbst Früchte bilden sehen. Immer waren es nur abgestorbene Pflanzentheile, namentlich die Blattstiele, auf welchen er ihn fand. Dabei konnte Hollrung ferner constatiren, dass der Phomapilz nur auf solchen Blättern und Stielen auftrat, welche bereits einige Zeit mit der Erde in Berührung gestanden hatten; die erst kürzlich abgestorbenen, noch aufrecht stehenden Blattstiele waren fast ausnahmslos frei von Phoma. Phoma Betae ist auch auf Rübensamenpflanzen ein ganz gewöhnlicher Gast, u. zw. auf den bei dem Abschneiden des Samens verbleibenden Stengelresten, wo hingegen er auf lebenden Samenpflanzen ebenfalls nicht ein einzigesmal angetroffen wurde. Daraus gelangt Hollrung zu der Ueberzeugung, dass der Pilz auch in der Provinz Sachsen heimisch ist, nirgends aber eine Schädigung der lebenden Rüben herbeigeführt hat, somit hier ausschliesslich als Saprophyt, d. h. als Bewohner bereits abgestorbener Pflanzentheile, aufzutreten pflegt.

Nach Eidam ist die Frage unentschieden, wie die Ansteckung der Zuckerrüben durch Phoma Betae auf dem Felde vor sich geht. Die Einschleppung mit dem Saatgut hält Eidam nicht für unmöglich, aber doch im Allgemeinen für ausgeschlossen, denn es müsste dann nicht erst die Krankheit im Herbste an den grossen Pflanzen, vielmehr bereits viel früher an den jungen Rübenpflanzen auftreten. Wahrscheinlich ist die Ansteckung vom Ackerboden aus, in dem sich jedenfalls zahlreiche Sporen befinden, die durch Infection, durch die Hackmaschine etc., leicht übertragen werden können. Da man häufig kranke Pflanzen neben gesunden Pflanzen findet, so spricht dies für eine grössere oder geringere Empfänglichkeit der einzelnen Pflanzen.

Holdefleiss glaubt wieder nicht, dass der Phomapilz etwas durchaus Neues ist, sondern ist vielmehr der Ansicht, dass dieser Pilz seit Langem existirt, dass er unter günstigen Bedingungen sich mehr verbreitet, dagegen, wenn die Witterungsverhältnisse dem Wachsthum der Rübe mehr günstig sind, sich weniger schädlich zeigt. Dagegen hat Frank Einsprache erhoben und bleibt gegenüber den zweifelhaften Meinungen, die auch noch von anderer Seite erhoben wurden, bei der Ansicht stehen, dass Phoma Betae ein wirklich neuer, vorher nicht beobachteter Pilz sei und insbesondere mit dem allgemein bekannten und allgemein verbreiteten Pilz, dem Sporidesmium oder Claderosporium putrefaciens nichts zu thun habe. Frank ist auch ein Gegner der vielfach geäusserten Ansicht, dass Trockenheit die Ursache der Krankheit sei, denn diese ist allein nicht im Stande, die Krankheit zu erzeugen. Dazu ist vielmehr die Mitwirkung von fadenbildenden Pilzen nothwendig, unter denen Phoma Betae obenan steht; vielleicht sind auch noch andere Pilze gelegentlich zu dieser pathologischen Wirkung befähigt, immer begünstigt aber die Trockenheit die Empfänglichkeit der Pflanze für den Krankheitserreger. Lässt man nur die Trockenheit auf die Rübenpflanze einwirken und ist Phoma Betae dabei nicht im Spiel, dann entsteht die Krankheit nicht, sondern es treten nur Erscheinungen excessiven Wassermangels ein, d. h. es verdorren die alten Blätter, aber das Herz bleibt gesund. Die Ansichten Frank's haben auch direct aus der Praxis Widerspruch erfahren und hier namentlich durch Kiehl. Dieser Praktiker hat sich mit der Herz- und Trockenfäule — wie aus seinen Mittheilungen hervorgeht — sehr eingehend beschäftigt und fand er auf Grund jahrelanger Beobachtungen, dass bei einer genügenden Durchfeuchtung des Untergrundes die Rüben durchaus von der Herz- und Trockenfäule verschont blieben und dass, je trockener der Standort war, umso eher und intensiver die Krankheit auftrat. Schon im Jahre 1894 stellte er die Hypothese auf, dass die gezwungene Aufnahme zu concentrirter

Nährstofflösung durch die Rübenwurzeln die Ursache des Entstehens der Herz- und Trockenfäule sei und steht er nach seinen weiteren fünfjährigen Beobachtungen noch auf demselben Standpunkte. Kiehl kann ferner auf Grund seiner Beobachtungen über Phoma Betae die weitgehenden Befürchtungen Frank's hinsichtlich der Gefahr, dass der Acker für folgende Ernten in dem Masse inficirt werde, um die späteren Erträge in Frage zu stellen, nicht theilen. Er glaubt vielmehr, dass nur die abnormale Dürre der Beobachtungsjahre die Ursache war, denn überall dort, wo wenigstens annähernd genügende Feuchtigkeit im Acker vorhanden war, blieben die Rüben gesund.

Im Uebrigen bemerkt Kiehl, dass ihn die neueren Forschungen und Publicationen Frank's immer mehr in seiner schon vom Anfange an aufgestellten Behauptung bestärken, dass Phoma Betae der Erreger der Herz- und Trockenfäule nicht sein kann, und stellt er dagegen, in Bestätigung seiner früheren Erfahrungen, folgende Hypothese auf: „Eine zu concentrirte Nährstofflösung, welche die Rüben infolge der Dürre aufzunehmen gezwungen sind, ist die Ursache der Erkrankung, wobei der Stickstoff sich abweichend verhält und der Krankheit eher entgegenwirkt. Thierische und pflanzliche Schmarotzer finden sich dann auf der bereits erkrankten Rübe ein und beschleunigen den Verlauf des Krankheitsprocesses. Die Rübe gesundet, so lange sie noch nicht zu schwer erkrankt ist, bei Zuführung von Wasser, wodurch die Nährstofflösung der Rübe wieder in normaler Zusammensetzung zur Ernährung dargeboten wird."

Frank präcisirt seinen Standpunkt dem gegenüber wie folgt:

1. Phoma Betae ist in Sommern mit genügenden Niederschlägen für die Rübenpflanzen nicht oder wenig gefährlich, in regenarmen dagegen in hohem Grade. 2. Aber keine Herzfäule ohne einen Parasiten, speciell ohne Phoma Betae, denn Trockenheit allein, ohne Pilz, bringt keine Herzfäule hervor. Wohl aber genügt dann Phoma Betae, um Herzfäule zu erzeugen. Ja selbst bei reichlicher Feuchtigkeit wird Phoma Betae, einmal zum Ausbruch gekommen, durch Ansteckung Pflanze für Pflanze mit der Herz- und Rübenfäule inficiren, selbst Rübenpflanzen, welche durch feuchten Standpunkt eine sehr üppige Entwicklung bekommen haben.

Wiederholt in dieser Frage hat auch noch Hollrung das Wort ergriffen und kennzeichnet er seinen Standpunkt dahin, dass der Phomapilz nicht die Ursache der Erkrankung, sondern nur die Begleiterscheinung eines von besonderen Witterungsverhältnissen und sonstigen äusseren Anlässen hervorgerufenen Schwächezustandes der Zuckerrübe ist.

Aus jüngster Zeit liegen über die Herzfäule Veröffentlichungen

von Wilfarth und Wimmer vor und fanden dieselben ebenfalls bei
ihren Untersuchungen, dass der Pilz Phoma Betae keine Rolle spielte.
Die Krankheit äusserte sich in folgender Weise: Die Rüben wachsen
zunächst ganz normal frisch und kräftig bis ungefähr Mitte Juli,
wobei die Blätter ihre grösste Ausdehnung und die Rüben etwa $^1/_6$ bis $^1/_8$
ihres späteren Normalgewichtes haben. Dann zeigt sich als erstes Stadium
ein eigenthümliches Krümmen der mittelgrossen Blätter, indem die
convexe Seite nach oben, der Blattrand nach unten gebogen und zu-
sammengezogen erscheint. Der Rand wird gelblich, später schlaff und
zeigt schwarze Flecken, die auch später auf Blattstiele und innere
Blätter übergehen. Meist beginnen dann die Herzblätter ziemlich
plötzlich schräg zu werden; zugleich, oft schon vorher, zeigen die
älteren Blätter eine eigenthümliche Schlaffheit. Wenn diese Erscheinungen an den Blättern sich zeigen, so entstehen gleichzeitig oder
bald nachher an den beiden Seiten der Rüben, die frei von Wurzeln
sind, circa 2 bis 4 cm unterhalb des Kopfes schwarze, faulige Flecke
dicht unter der Oberhaut, anfangs von dieser bedeckt. Fallen jetzt
die krankmachenden Ursachen fort, so kann noch eine völlige Ausheilung stattfinden, anderseits schreitet die Fäulniss fort und kann
die Rübe völlig vernichten. Diese Krankheitserscheinungen haben eine
frappante Aehnlichkeit mit denjenigen, die nach Frank durch Phoma
Betae erzeugt werden sollen. Soweit Wilfarth und Wimmer Gelegenheit hatten, die Krankheit auf dem Felde zu beobachten, wollte es
ihnen scheinen, als wenn sie besonders dort auftrat, wo stark mit
Salpeter gedüngt wurde. Wilfarth und Wimmer sind nämlich der
Ansicht, dass die Herzfäule zweifellos durch Wachsthumsstörungen
entsteht, welche durch die Verarbeitung der Salpetersäure hervorgerufen werden. Die Rübe nimmt, wie alle Pflanzen, den Stickstoff
in Form von salpetersauren Salzen auf. Aus diesen wird die Salpetersäure assimilirt, die Base bleibt zurück und sammelt sich, soweit sie
nicht von der Pflanze verbraucht wird, im Boden an. Wilfarth und
Wimmer gaben bei ihren Topfversuchen meist den Stickstoff in Form
von salpetersaurem Kalk. In diesem Falle bleibt der Kalk zurück,
von dem bisher immer angenommen wurde, dass er schnell die Kohlensäure absorbirt und in unschädlich kohlensauren Kalk übergeht. Dies
ist nun nicht immer der Fall und namentlich dann nicht, wenn die
Rübe schnell vegetirt; es bildet sich dann schneller Aetzkalk als
kohlensaurer Kalk entstehen kann, namentlich, wenn nicht genügend
Kohlensäure der Luft hinzutritt, also wenn die Ventilation im Topfe
mangelhaft ist. Aehnlich liegt die Sache bei Anwendung von Kali-
oder Natronsalpeter und kann sich Kaliumoxyd und bei Gegenwart
von Kohlensäure kohlensaures Kali bilden. Um auch dieses unschäd-

lich zu machen, müssen Kalksalze, z. B. Gips zugesetzt werden, so dass sich durch Umsetzung auch hier kohlensaurer Kalk bilden kann. Es entsteht nun bei den Topfculturen unter Umständen eine nicht ganz normale Vegetation, nämlich dann, wenn die Pflanzen auf dem günstigsten Feuchtigkeitsgrad gehalten werden; dadurch kann sich zu Zeiten, namentlich bei hoher Temperatur, eine abnorme Intensität des Wachsthums entwickeln. In der Natur wirkt der Boden durch seinen Humus- und Zeolithgehalt regulirend auf die Ausscheidung der Basen und kann der Topf diese Wirkung nur zum Theil ersetzen. Es wurde auch in der That wiederholt constatirt, dass die Bodenlösung eine oft recht erhebliche Alkalität aufwies, und dass eine alkalische Bodenlösung schädlich, ja tödtlich für das Pflanzenleben wirkt, ist eine bekannte Erfahrung. Wilfarth und Wimmer fanden auch durch zahlreiche Beobachtungen zweifellos den Zusammenhang der alkalischen Ausscheidungen mit der Herzfäule. Da nun auf dem Felde, wie früher hervorgehoben, die Krankheit besonders dort auftrat, wo stark mit Salpeter gedüngt wurde, so könnte in solchen Fällen die Ursache dieselbe sein, wie bei den Topfculturen.

Weitere Publicationen in der Phoma-Frage übergehe ich, denn sie bringen in dem Widerstreit der Meinungen nichts Neues. Wir haben gesehen, dass Frank in dem Auftreten des Pilzes Phoma Betae die Ursache des Auftretens der Herz- und Trockenfäule sieht, während von gegnerischer Seite dies bestritten oder zumindest gegen Frank der Vorwurf erhoben wird, es wäre ihm nicht über allen Zweifel erhaben gelungen, Phoma Betae als wirkliche Ursache, als selbständigen Erreger der Herzfäule nachzuweisen.

Verfehlt wäre es aber jedenfalls, den Pilz zu ignoriren und seinem Auftreten keine Aufmerksamkeit zuwenden zu wollen. Dies könnte sich unter Umständen in sehr unangenehmer Weise fühlbar machen, infolge dessen daher einige der Bekämpfungsmassregeln, die Frank gegeben hat, zu beachten sind, umsomehr, als sie auch im Allgemeinen gegen die Bekämpfung der Herz- und Trockenfäule beachtenswerth erscheinen.

Ueber die Entstehung der Herzfäule liegt auch die Ansicht Vaňha's vor, nach welcher die Rübennematoden der Gattung Tylenchus die Ursache wären. Diese Ansicht ist jedoch kaum stichhältig und auch wenig plausibel.

Als Abschluss dieses Capitels sei noch die Ansicht von Bartoš über die Entstehung der Herz- und Trockenfäule hervorgehoben. Bartoš glaubt nämlich, dass diese Krankheit auch in gewissen Beziehungen zu bestimmten Blättersorten steht und hat er die Beobachtung gemacht, dass Rüben mit nach aufwärts gerichtetem Blattwerk und unebener Blattoberfläche von der Krankheit mehr heimgesucht waren, als Rüben mit glatter und ebener Blattfläche, deren Blattwerk auf dem Boden ausgebreitet war. Die Erklärung ist darin zu suchen, dass eine Rübe mit ebener Oberfläche der Blätter und auf dem Boden ausgebreitetem Blattwerke weniger transpirirt und mit der ihr zur Verfügung stehenden Feuchtigkeit besser auskommt. Neben der Bedeutung des Blattcharakters spielt aber auch die Form der Wurzel eine Rolle, nachdem zwischen dieser und der grösseren oder geringeren Verbreitung der Krankheit eine gewisse Beziehung besteht. Bartoš fand nämlich, dass überall dort, wo die Herzfäule in grösserem Masse auftrat, immer auch mehr Rüben mit gabelförmigen Wurzeln gefunden wurden und namentlich von Herzfäule betroffene Rüben derartig gestaltet waren. Ebenso auffallend war die Erscheinung, dass jene Parcellen, auf welchen die Rüben in ihrer Jugend durch Engerlinge und andere Schädlinge viel gelitten hatten, und wo infolge dieser Beschädigung die gabelförmigen Wurzeln häufig vorgekommen sind, die Rüben unter sonst gleichen Umständen unter der später eingetretenen Trockenheit mehr zu leiden hatten und von der Herzfäule mehr angegriffen waren, als die übrigen Rüben. Dieser Umstand dürfte wohl auf die wichtige Function der Pfahlwurzel der Pflanze, zur Zeit des Mangels an Feuchtigkeit, diese aus den untersten Bodenschichten zu verschaffen, zurückzuführen sein, was die Nebenwurzeln mit Rücksicht darauf, dass sie in so bedeutende Tiefe nicht eindringen, nicht zu leisten vermögen. Da nun bei dieser Krankheit und den Folgen der Trockenheit überhaupt eine gut entwickelte lange Wurzel eine so wichtige Rolle zu spielen scheint, so ist es nöthig, alle Factoren, wie: Bodenbeschaffenheit, Bearbeitung des Bodens. Vertheilung der Nährstoffe und der Feuchtigkeit, sowie die Witterungsverhältnisse zu berücksichtigen, welche die Bildung langer Wurzeln unterstützen.

4. Die Bekämpfung der Krankheit.

Ueber die Bekämpfung der Herz- und Trockenfäule liegen mancherlei Vorschläge vor und in erster Linie diejenigen, welche Frank aus seinen Untersuchungen und Studien gefolgert hat. Dieselben sollen nun, wie sie Frank vornehmlich in seinem „Kampfbuch gegen die Schädlinge unserer Feldfrüchte" gegeben hat, hervorgehoben werden, unter Berücksichtigung aller derjenigen Einwände, die die Gegner seiner Anschauung geäussert haben. Weiterhin mögen auch die Vorschläge derjenigen Forscher, die sich in anderen Bahnen bewegen, entsprechende Berücksichtigung finden, nachdem gegebenen Falles auch diese unter Umständen sich nützlich erweisen können.

Anfangs versuchte man eine Desinfection des Rüben-

samens mit 2 und mit 4 %iger Kupfervitriollösung, ferner mit
Sublimatlösung 1 : 20.000 und mit 1%iger Carbolsäure und schien
man damit ganz befriedigende Resultate erzielt zu haben, bis
auf einmal ein Rückschlag in der Meinung erfolgte, denn spätere
Versuche konnten nur über Misserfolge berichten. Man war eben zu
der Ansicht gekommen, dass die Verbreitung des Phomapilzes ver-
mittels des Saatgutes zwar möglich, aber nicht wahrscheinlich sei,
nachdem die Infection vom Boden herkomme, wobei noch der Vorbehalt gemacht wurde, dass der Pilz in der Natur auch noch auf
anderen Pflanzen als der Rübe, wenn auch nur auf Unkräutern, sich
entwickeln könne. Daraufhin versuchte man eine Desinfection des Bodens
selbst, u. zw. mit Kupfervitriol-Kalkbrühe, Kochsalz, verdünnter
Schwefelsäure und mit Petroleum, doch ohne Erfolg. Auch die Be-
spritzungen des kranken Rübenherzens mit 2 und 4 %iger Kupfervitriol-Kalkbrühe Ende Mai, Ende Juni und Ende Juli brachten
keinen Erfolg; man versprach sich davon immer sehr viel, jedoch nur
auf dem Papiere, denn die Praxis lehrte gerade das Gegentheil: die
Krankheit wucherte weiter und alle gut gemeinten Gegenmassregeln
verliefen resultatlos.

Eine wichtige Massregel sieht aber Frank in der möglichst
frühzeitigen Beseitigung des kranken Rübenmateriales,
denn durch dieses wird das Feld durch Phoma Betae immer
weiter verseucht. Derselben Ansicht ist auch Doering, denn er
nimmt als sicher an, dass der Ansteckungsstoff im Boden liegen
muss und dass nur durch ein Entfernen der kranken Rüben aus dem
Schlage ein gutes Resultat erzielt werden kann. Er hat in einem Falle
die kranken Rüben ausgehoben und an einem entfernten Orte ver-
graben, ebenso auch die gesunden, die im Umkreis standen. Die leere
Stelle wurde dann derart mit starkprocentiger Bordolaiser Brühe begossen, dass sich auf der Oberfläche eine grünliche Schichte von
Kupfervitriol und Kalk absetzte. Das Resultat war, dass Phoma
Betae auf dem Schlag nicht mehr auftrat. Die Kosten waren gering
und standen in keinem Verhältniss zu dem grossen Nutzen. Die
frühzeitige Beseitigung der kranken Rüben in radicaler Weise ist
bei einem grösseren Auftreten der Krankheit wohl unmöglich und
gibt dies auch Frank zu. Eine Verfütterung der von Phoma Betae
befallenen Rübentheile ist unbedenklich, da die Sporen und sonstigen Theile von Phoma Betae, wie Frank gefunden hat, durch
den Magensaft getödtet werden. Auch durch eingesäuerte Rüben ist
keine Verbreitung des Pilzes zu befürchten. Immerhin wird aber
krankes Rübenmaterial besser vernichtet als verfüttert werden, wie
auch eine Verschleppung in den Dung zu vermeiden ist, nachdem

4

nach der Beobachtung von Doering neue Felder durch eine derartige Verschleppung kranker Rübenblätter mit dem Pilz verseucht wurden.

Für die Bekämpfung der Krankheit sind gewisse äussere Factoren von grösster Wichtigkeit. Obenan steht hier die Trockenheit. Werden die Rüben durch genügende Winterfeuchtigkeit und Frühjahrsniederschläge in ihrer ersten Entwicklung begünstigt und folgen dann die Sommermonate mit anhaltender Trockenheit, dann ist die Krankheit, wie Frank beobachtet hat, mit ziemlicher Sicherheit in starkem Grade zu erwarten. Die Krankheit ist aber an Trockenheit keineswegs gebunden, denn wenn sie durch dieselbe begünstigt wird, so kann sie doch auch bei den reichlichsten Niederschlägen entstehen, ein Umstand, der uns deutlich zeigt, welche Bocksprünge die Natur manchmal liebt und wie sehr dadurch die Bekämpfung erschwert wird.

Selbstredend ist auch der Erdboden von Einfluss auf die Entstehung und Verbreitung der Krankheit. Manche Felder haben oft eine auffallend befördernde Neigung für das Auftreten der Krankheit und ist die Ursache noch unbekannt. Vielleicht ist, wie Frank meint, eine zur Trockenheit neigende Beschaffenheit des Bodens massgebend, vielleicht mag auch die Lage eine gewisse Rolle spielen, immerhin ist aber die Ursache noch unbekannt. Die Bodenart selbst scheint keine bestimmte Rolle zu spielen. Wenn auf gewissen Schlägen die Krankheit regelmässig auftritt, so mag, wie erwähnt, vielleicht irgend eine zur Trockenheit neigende Beschaffenheit des Bodens hiebei massgebend sein, doch ist dies nur eine Annahme und nicht stricte bewiesen. Auch die Lage des Bodens scheint, wie erwähnt, in gewissen Beziehungen zu dem Auftreten der Krankheit zu stehen, doch lassen sich auch hier keine festen Anhaltspunkte geben.

Was den Einfluss der Düngung anbetrifft, so wurde vielfach die Erfahrung gemacht, dass der Scheideschlamm das Auftreten der Herz- und Trockenfäule begünstigt, und Frank glaubt diese krankmachende Wirkung darauf zurückführen zu müssen, dass eine derartige Düngung einen das Pflanzenwachsthum treibenden Einfluss hat, indem erfahrungsgemäss auf allen so gedüngten Flächen jede Feldfrucht im Frühling einen Vorsprung zeigt, auch die Rüben hier schneller zu üppiger Blattbildung gelangen, was dann eben bei eintretender Dürre wiederum die grössere Wassererschöpfung und die damit zusammenhängende Anfälligkeit der Pflanze bedingt. Düngungsversuche mit Chilisalpeter haben vielfach ergeben, dass die Krankheit durch Steigerung der Salpetergabe sogar eine Beförderung zeigte und liegt die Erklärung wohl darin, dass die stärkere Salpeterdüngung bei genügender Feuchtigkeit im Frühling ziemlich bald an der Rübe zur Wirkung kommt und sie zu üppigerer Blattbildung und somit zu höheren Wasseransprüchen entwickelt, als die nicht so gedüngte Pflanze. Wenn der Salpeter in trockenen Frühjahren nicht sogleich zur Wirkung kommt, dann tritt auch der krankheitsbefördernde Einfluss einer solchen Düngung nicht hervor. Chilisalpeterdüngung hat aber auch insoferne einen Nutzen, als die von der Krankheit befallenen, aber lebend gebliebenen Pflanzen den neuen Blattausschlag, den sie bei eintretendem Regen im August und September treiben, kräftiger bilden, wenn sie von Salpeter unterstützt werden, als ohne diesem. Beobachtet wurde nur, dass concentrirte Lösungen von Chilisalpeter an Wundstellen der Herzblätter kleine, stationär bleibende, braune Flecken hervorbrachten, welche sich nur dann zur eigentlichen Herzfäule vergrösserten, wenn nachweislich einer der plötzlichen Erreger sich eingeschlichen hatte. Phosphorsäuredüngungen änderten an einer Beeinflussung durch den Chilisalpeter nichts. Doering sieht übrigens auch als eine der Ursachen der Entstehung der Krankheit das zu starke Düngen mit Phosphorsäure haltenden Düngemitteln an, da die Phosphorsäure bei der Zuckerrübe Frühreife hervorruft, und begünstigt dieser krankhafte Zustand das Auftreten von Phoma Betae. Doering hat ferner die Beobachtung gemacht, dass Parcellen, die im Winter vorher mit Jauche befahren waren, auffallenderweise frei vom Phomapilz blieben. Er hat daher zur Lösung der Frage: „Ob in der Zuführung des in der Jauche vorhandenen starken Ammoniakquantums ein Präservativ gegen Aufnahme des Phomapilzes gegeben sei", auf einem Rübenschlag, der im Vorjahre Phoma zeigte, während des darauffolgenden Winters einen Streifen mit Jauche befahren und im Frühjahr darauf Rüben ohne künstlichen Dünger bestellt. Dieser Streifen sowohl, wie der übrige Theil des Schlages blieben frei von Phoma Betae. Bezüglich der Düngung mit Kalisalzen fand Frank, dass sich die ungedüngten Parcellen durch ein üppiges Grün ihrer Blätter auszeichneten, während bei steigenden Gaben sich nicht nur keine Abnahme der Krankheit bemerkbar machte, sondern sich sogar eine weitere Verbreitung zeigte. Frank's Versuch wurde auch durch Schwarz bestätigt. Auch nach Kleegründüngung im Herbst hat man an den darnach im nächsten Jahre gebauten Rüben eine kräftige und frühzeitige Wirkung auf die Blattbildung, aber dann auch eine grosse Anfälligkeit für die Herzfäule bei eintretender Trockenheit im Sommer beobachtet.

Durch Tiefpflügen auf 14 bis 17 Zoll und der dadurch erzielten Lockerung des Bodens, dürfte der Krankheit, infolge der leichteren Bewegung des Wassers aus der Tiefe und umgekehrt des Regenwassers in die Tiefe, neben der Bewurzelung der Rübe in die tieferen Bodenschichten entgegengearbeitet werden. Eine zu s t a r k e D r a i n a g e könnte wieder die Gefahr der Krankheit in trockenen

4*

Sommern herbeiführen, so dass dann Zurückstauen des Abflusses oder Vornahme jeder sonstigen ausführbaren Bewässerung geboten erscheinen würde. Weder im Tiefpflügen noch im Auffahren von Wasser mit der Wassertonne, je nach Bedarf, liegt aber ein unbedingter Schutz vor der Krankheit, denn Frank hat auf Rübenschlägen, welche regelmässig von der Krankheit befallen werden, damit nichts erreicht.

Dagegen liegen aber nach diesem Forscher in den Methoden der Bestellung und Behandlung der Rüben sehr wirkungsvolle Gegenmittel. Die Bestellungszeit ist von grossem Einfluss auf das Entstehen der Krankheit, denn Erfahrungen haben gelehrt, dass spät bestellte Rüben weniger von der Krankheit zu leiden hatten, als unter sonst gleichen Umständen die zeitig bestellten. Die Erklärung liegt in dem Umstande, dass spät bestellte Rüben gegenüber den zeitig bestellten weiter zurück sind in der Entwicklung ihres Blattapparates und also auch noch nicht diejenigen Ansprüche an das Wasser stellen, welche die weiter entwickelten Rüben machen und die für sie im Juni bei Eintritt der Sommerdürre verhängnissvoll werden. Durch spätere Bestellung kann also in Gegenden und besonders auf solchen Schlägen, die erfahrungsgemäss zur Herzfäule geneigt sind, die Krankheit vermieden werden. Durch die spätere Bestellung wird allerdings der quantitative Ernteertrag etwas herabgesetzt, dagegen aber der Zuckergehalt sogar gesteigert; ersterer Verlust tritt aber auch nicht in dem Grade, wie man vermuthen könnte, auf, so dass die etwas geringere, aber gesunde Rübenernte immer noch besser ist, als eine bei langer Trockenheit eventuell zu befürchtende Missernte infolge der Krankheit. Der Einfluss der Bestellzeit trat in Schlesien wiederholt deutlich hervor. Ein am 23. Mai bestelltes Rübenstück hatte durchwegs gesunde Pflanzen, während ein daneben liegendes, am 10. Mai bestelltes Stück, viele kranke Pflanzen aufwies. Die Setzweite ist auch von Einfluss auf die Krankheit. Verschiedene Setzweiten, nach dem Verziehen hergestellt, ergaben zwar überall Kranke, aber am wenigsten bei geringster Setzweite; mit zunehmender Setzweite zeigte sich eine Zunahme der Krankheit bis zu 10 und 20%, während von den dichter stehenden Pflanzen nur 5% erkrankten. Hier ist ebenfalls derselbe krankheitsempfängliche Zustand der Pflanzen im Spiel wie früher. Je weiter die Pflanzen von einander entfernt stehen, desto stärker und blattreicher entwickelt sich die einzelne Pflanze und desto grösser wird somit auch ihr Wasserbedürfniss.

Die Versuche Frank's haben ferner ergeben, dass das Abblatten der Pflanzen sich als eine Massregel von entschiedenster sanitärer Wirkung erweist. Das Abblatten thut allerdings dem Ernteertrag Abbruch (z. B. 615 *g* Wurzelgewicht gegen 550 *g*, 566 *g* gegen 320 *g*, 1380 *g* gegen 905 *g*) und ist der Unterschied auf schwererem Boden grösser. Dabei tritt aber hervor, dass der Zuckergehalt wenig vermindert, im Gegentheil öfter erhöht wird. Die Versuche haben weiter ergeben, dass durch das Abblatten im Allgemeinen ein entschieden geringerer Ernteausfall bedingt wird, als durch das Köpfen der Rüben, d. h. so wie beim Rübenputzen. Da sich nun das Abblatten als eine Massregel von entschieden sanitärer Wirkung erwiesen hat, u. zw., worauf Frank besonders Gewicht legt, auch bei gewöhnlicher früher Bestellung der Rüben, die sonst ein krankheitsdisponirendes Moment ist, so wird man in dem einmaligen Abblatten der Rüben, auch ohne von der zeitigen Bestellung abzugehen, ein sicheres Schutzmittel gegen Phoma Betae erkennen müssen. Selbstverständlich soll diese Operation nicht als Regel für den Rübenbau gelten, sie wird nur in Betracht kommen können auf solchen Rübenschlägen, welche erfahrungsgemäss an Phoma Betae leiden, und zwar auch nur dann, wenn im Juni oder Juli eine Trockenheitsperiode anzubrechen droht oder die ersten Anzeichen der Herzfäule sich bemerklich machen sollten. Ist die Ernte auch geringer, doch gesund, so ist dies jedenfalls besser als eine geringe und obendrein kranke Rübenerte. Das Abblatten kann entweder in der Weise geschehen, dass die Blätter einer jeden Pflanze mittels eines Schnittes abgetrennt werden, oder aber, im Ausnahmsfall, dass die Rübe, wie beim Rübenputzen, vollständig geköpft wird. Beide Schnittweisen sind zulässig, nur dürfte die erste den Vorzug verdienen; die letztere wird dann mehr zur Anwendung kommen, wenn schon Herzfäule eingetreten sein sollte, und das primäre Herz also nicht mehr gesund ist. Bei vollständigem Abschneiden der Rübenköpfe bei ausbrechender Krankheit Ende Juni hatten die Pflanzen in einem Falle bis Ende August den Blattapparat vollständig erneuert; die Wurzeln waren wohl kleiner aber gesund. Zu vermeiden ist aber der die Mitte zwischen beiden Richtungen haltende Schnitt gerade durch die zarte Terminalknospe, weil die allerjüngsten Organe eine Verwundung nicht vertragen, sondern dadurch absterben.

Insgesammt fasst Frank seine Ansichten über Entstehung der Herz- und Trockenfäule und deren Bekämpfung wie folgt zusammen:

Die Rübenpflanze erkrankt nur deshalb und nur dann, wenn in einer Periode der höchsten Wachsthumsthätigkeit die Grösse ihrer Verdunstungsfläche in einem Missverhältniss zur Wasseraufnahme steht. Nicht das rapide Verschmachten der grossen Blätter ist das Gefährliche, nachdem dadurch die Pflanze schnell ihre Hauptverdunster verliert, vielmehr jener Zustand ist der allein gefährliche, in welchem sich die grossen Blätter zwischen Frischbleiben und Verdunsten lang hinquälen, wo sie als Verdunster noch weiter arbeiten und dadurch

eben das Missverhältniss zwischen Wasseraufnahme und Verdunstungs-
verlust in den Pflanzen erzeugen. Die Pflanzen sind von der Herz-
und Trockenfäule zu .retten, wenn die Ungleichheit zwischen Verdunstung und Aufsaugung in der Periode stärksten Wachsthums
herabgestimmt wird. Dieses kann einestheils durch Witterungs- und
Bodenverhältnisse von selbst geschehen, anderntheils liegt es aber auch
in der Macht des Landwirthes, u. zw. in folgender Weise:

1. Durch Alles, wodurch verhindert wird, dass die stärkste
Wachsthumsperiode der Pflanze mit der gewöhnlichen Dürreperiode
des Sommers zusammenfällt. Dies kann geschehen: a) Durch späte
Bestellzeit, b) durch geringere Setzweite, c) durch Vermeidung solcher
Düngungen, welche ein rasches Treiben der Rüben bedingen, d) durch
Züchtung solcher Sorten, welche, bei möglichst kurzer Entwicklungs-
dauer, ziemlich spät bestellt, dennoch befriedigende Zuckermengen
produciren.

2. Durch willkürliche Verminderung der Verdunstungsfläche der
Pflanze bei eintretender Phoma Betae-Gefahr. Hier ist als Schutzmittel gegen die Erkrankung die künstliche Befreiung der Pflanze
von ihren gefährlichen Wasserverzehrern, den zur Zeit der Sommerdürre vorhandenen grossen Blättern gemeint. Ob hiezu ein vollständiges
Köpfen der Rüben nöthig ist oder nicht auch schon das blosse Abschneiden der Blätter unter Schonung des Herzens genügt, müssen
weitere Versuche zeigen.

3. Durch Züchtung solcher Sorten, welche überhaupt Widerstandsfähigkeit gegen die Herz- und Trockenfäule besitzen.

Später machte Frank übrigens noch eine ganz interessante
Beobachtung. Er hat früher, wie hervorgehoben, gezeigt, dass ein
wichtiges Schutzmittel gegen die Herz- und Trockenfäule der Rüben
darin liegt, dass die Pflanzen beim Eintritt der gefährlichen Sommer-
Trockenheitsperiode so viel als möglich in der Blattentwicklung, also
in ihrer Wasserverdunstungsgrösse zurückgehalten werden, und dass man
diesen Immunitätszustand entweder durch späte Bestellung oder aber,
selbst bei zeitlicher Bestellung, durch Abblattung beim Eintritt einer
Sommerdürre herstellen kann. Im Jahre 1897 zeigte es sich, dass auch
die Frühjahrswitterung auf die Zurückhaltung der Blattentwicklung
der Rübenpflanzen in dem Grade einwirken kann, dass sie zu einem
Factor für die Herstellung eines solchen Immunitätszustandes der
Rübenpflanze gegenüber der Herzfäule werden kann. Das Frühjahr 1897 war trocken und es blieben die Rüben auffallend in ihrer
Entwicklung zurück; d. h. sie wurden im Zustande grösserer Immunität
erhalten. Als nun die trockene erste Julihälfte kam, hätte nach
früheren Erfahrungen die Herzfäule in grösserem Umfange zum Aus-

bruch kommen müssen. Dies geschah jedoch nicht, mit Ausnahme der Flächen, auf welchen unter allen Witterungsverhältnissen die Herzfäule sich zeigte. Man kann daher aus der Constellation von Frühjahrs- und Sommerwetter eine Prognose für die Herz- und Trockenfäule ableiten.

Die Vorschläge F r a n k's haben von Seite der Praxis nicht allgemeine Billigung gefunden, sondern wurden von verschiedenen Praktikern heftig bekämpft. K i e h l und auch andere Praktiker theilten von Anfang an — und auch, wie die Zukunft lehrte, mit Recht — nicht die weitgehenden Befürchtungen, welche von F r a n k bezüglich der Gefährlichkeit des Phomapilzes gehegt wurden. K i e h l wendet sich auch gegen die von F r a n k empfohlenen Vernichtungsmassregeln, nachdem, wie er behauptet, dieselben gegen den Phomapilz in der Hauptsache ihren Zweck nicht erfüllen, denn 1. durch späte Bestellungszeit würde man gegen ein Grundgesetz des Zuckerrübenbaues verstossen. Man soll die Zeit des Wachsthums möglichst zu verlängern bestrebt sein, daher so zeitlich bestellen, als es der Acker, die Witterung und die Gesammtverhältnisse bedingen. 2. Durch engere Setzweite, an sich nicht fehlerhaft, und 3. durch Vermeidung solcher Düngungen, welche ein rasches Treiben der Pflanzen bedingen, würde man, wie zu 1. einen grossen Fehler begehen. Den vielen Feinden der Rübe gegenüber müsste man im Gegentheil trachten, die Pflanze möglichst rasch so widerstandsfähig als möglich zu machen. 4. Durch einmaliges Abblatten der Pflanze würde man, wie zu 1. und 3. einen grossen Fehler begehen; das Bestreben des Landwirthes muss im Gegentheil sogar dahin gerichtet sein, bei den letzten Bearbeitungen nicht zu viele Blätter zu beschädigen und ist aus diesem Grunde das Abblatten unbedingt verwerflich.

Gegen die von F r a n k vorgeschlagenen Mittel zur Bekämpfung der Herz- und Trockenfäule hat sich vor einigen Jahren auch die Landwirthschaftskammer der Provinz Sachsen gewendet, mit der Hervorhebung, dass diese Mittel mit den sonstigen Anforderungen, die an einen rationellen Rübenbau, um eine normale Ernte zu erzielen, gestellt werden müssen, in directem Widerspruche stehen. Der beträchtliche Schaden, den ihre Anwendung zweifellos nach allen bisherigen Erfahrungen dem Zuckerrübenbau zufügen würde, überwiegt so bedeutend den eventuellen Nutzen, den sie vielleicht gegen die Trockenfäule gewähren, dass sich die Landwirthschaftskammer für verpflichtet hält, die praktische Landwirthschaft vorläufig davor zu warnen, sich ihrer auch nur versuchsweise zu bedienen, ehe sie nicht wissenschaftlich exact auf ihre Verwendbarkeit geprüft sind.

F r a n k wendet sich gegen die Ausführungen der Landwirthschafts-

kammer, die er, als auf Missverständniss beruhend, zurückweist, unter
Aufrechthaltung der von ihm gefundenen wissenschaftlichen Ergebnisse
über das Wesen der Herz- und Trockenfäule.

Im früheren Capitel wurde auch die Ansicht Bartoš' über die Entstehung der Herz- und Trockenfäule mitgetheilt. Sollten sich die
Beobachtungen von Bartoš bestätigen, so würden sich für trockene
Gegenden, wo die Krankheit massenhaft auftritt, Rüben mit glatter,
ebener Blattoberfläche, mit auf dem Boden ausgebreitetem Blattwerk und langer Wurzel am besten eignen, nämlich jene Rüben-
gattung, welche weniger transpirirt, mit der ihr zur Verfügung
stehenden Feuchtigkeit besser wirthschaftet und im Stande ist, sich
diese auch aus den untersten Bodenschichten zu verschaffen. Es
empfiehlt sich demgemäss, zu allen Mitteln zu greifen, welche das
Wachsthum der Rübe in die Tiefe, d. h. die Bildung langer Wurzeln
unterstützen, u. zw. 1. Tiefes Behacken des Bodens. 2. Ein wenig späteres
Vereinzeln der Rüben, u. zw. auf kleinere Entfernungen als sonst
üblich ist. 3. Fleissiges Vernichten namentlich solcher Schädlinge,
welche die jungen Rübenwurzeln beschädigen und Ursache zur Bildung
gabelförmiger Wurzeln sein können.

Aus dem Hervorgehobenen ist zu ersehen, dass also die Bekämpfung der Herz- und Trockenfäule sich nicht so einfach gestaltet
und dass auf diesem Gebiete noch grosse Meinungsverschiedenheiten
herrschen. Die Ursache der Herz- und Trockenfäule ist mannigfacher
Natur und hängt von verschiedenen Cautelen ab. Dementsprechend wird
sich auch die Bekämpfung gestalten müssen, für welche dem Landwirth,
wie aus den vorstehenden Mittheilungen hervorgeht, verschiedene
Anhaltspunkte gegeben wurden. Es sind dies leider aber nur Anhaltspunkte, und gewagt würde es erscheinen, dieselben verallgemeinen zu
wollen. An einem durchgreifenden Bekämpfungsmittel gegen die Herz-
und Trockenfäule fehlt es überhaupt noch und wird sich ein solches
auch kaum finden lassen.

IV. Der Rübenschorf.

(Tafeln VI und VII.)

1. Aussehen und Verlauf der Krankheit.

Der Rübenschorf kennzeichnet sich dadurch, und muss dies
bestimmt hervorgehoben werden, dass hiebei nur die Rübenwurzel von
der Krankheit ergriffen wird, die Blätter jedoch ganz normal entwickelt sind. Die Schorfkrankheit erscheint bei der Rübe nur
an der Oberfläche und verursacht niemals eine Fäule nach

innen, wodurch allein schon ein Unterschied von der Trockenfäule gegeben ist; denn dieselbe ist, wie wir gesehen haben, ein
perniciöser Gewebefäulnissprocess, welcher nicht auf das Hautgewebe beschränkt bleibt, sondern ins Grundgewebe der Rübe eingreift und unaufhaltsam ins Innere derselben fortschreitet. Unter „Schorf" ist daher nur eine
Erkrankung des Hautgewebes zu verstehen. Der Schorf erscheint zumeist
fleckenweise in der Wurzelrinde und ihrer unmittelbaren Nachbarschaft,
oft sind grössere Partien neben den Seitenwurzeln frei, manchmal verläuft
die Begrenzungslinie zwischen schorfigen und gesund erhaltenen Oberhautzellen ganz parallel zur Wurzelrille, immer aber ist das Rübenfleisch unter solchen Schorfstellen gesund. Die Schorfstellen charakterisiren sich durch einen gewöhnlich vom Kopf nach der Wurzelspitze
zuschreitenden, braunrothen bis schwarzbraunen, etwas eingesunkenen
und mitunter gegen das gesunde Rübenfleisch scharf abgesetzten Belag
von zumeist rauher Oberfläche und rindig-borkiger Beschaffenheit
und wird das Fortschreiten der Krankheit durch die Abbildungen auf
den Tafeln VI und VII deutlich gekennzeichnet. Je nach der äusseren
Form und Gestalt der Schorfbildung kann man, wie F r a n k hervorhebt, Buckelschorf, Oberflächenschorf und Tiefschorf unterscheiden.
Auf eine prägnante Form des Schorfes wird speciell im folgenden
Hauptabschnitt zurückgekommen werden.

Schorfkranke Rüben bleiben vielfach in der Zuckerbildung zurück.
H o l l r u n g fand in gesunden Rüben 14·23% Zucker, in schorfkranken
Rüben desselben Feldes nur 9·2% Zucker. B r i e m beobachtete in Tief-
Ungarn Schorfbildungen in ganz bedeutender Entwicklung, ja einzelne
Stellen des Schorfes erreichen eine Tiefe von über 1 *cm* und in seiner
Ausdehnung bedeckte er beinahe die halbe Oberfläche der Rüben-
wurzel. Die Normalrüben hatten 11·7% Zucker, die Schorfrüben von
demselben Felde nur 7·2%.

Ich habe im Vorjahre Schorfrüben gleichfalls aus Ungarn untersucht, bei welchen die Krankheit in verschiedener Weise ausgebildet
war. Eine gesunde Rübe desselben Feldes besass ein Gewicht von 600 *g* und
zeigte einen Zuckergehalt von 15·5% (Alkohol-Extraction). Die kranken
Rüben wiesen sehr verschiedene Gewichte auf; manche, bei welchen
die Krankheit ziemlich ausgedehnt schon aufgetreten war, wogen sogar
bedeutend mehr, als Rüben, bei welchen die Schorfbildung geringere
Fortschritte gemacht hatte, wie aus den folgenden Zahlen hervorgeht:

	Gewicht	Zucker in der Rübe (Alkohol-Extraction)	
I.	292 *g*	13·7	Krankheit mässig entwickelt.
II.	607 „	13·4	
III.	445 „	11·4	etwas stärker entwickelt.

	Gewicht	Zucker in der Rübe (Alkohol-Extraction)	
IV.	618 g	11·0	circa $\frac{1}{8}$ der Wurzeloberfläche schorfig.
V.	343 „	11·0	
VI.	412 „	8·9	circa $\frac{1}{4}$ der Wurzeloberfläche schorfig.

Vielfache Beobachtungen lassen die Deutung zu, dass bestimmte Theile des Wurzelkörpers dem Erreger des Schorfes erfolgreichen Widerstand entgegenzusetzen vermögen und lässt dies vermuthen, dass dabei die Säftevertheilung und -Bildung in der Rübe eine gewisse Rolle spielt.

Bei dieser Schorferkrankung ist auch noch hervorzuheben, dass sie erst auf dem erwachsenen Rübenkörper auftritt, und also keine Behinderung des Dickenwachsthums der Rübe mehr im Gefolge hat, wodurch sie sich auch besonders von dem im folgenden Hauptabschnitt behandelten „Gürtelschorf" wesentlich unterscheidet.

Wenn die Schorfkrankheit in grösserem Umfange auftritt, so kann durch die Verminderung des Zuckergehaltes der Schaden ein ganz empfindlicher werden.

2. Die Ausbreitung der Krankheit.

Der Rübenschorf tritt alle Jahre in mehr oder minder grossem Umfange auf, doch sind bedeutende Schäden bis jetzt nicht bekannt geworden. Aelteren Nachrichten ist auch dadurch nicht recht Glauben zu schenken, nachdem früher unzweifelhaft vielfach die Schorfkrankheit mit der Trockenfäule verwechselt wurde und dadurch die Schäden letzterer Krankheit ungerechter Weise dem Rübenschorf zugeschrieben wurden.

3. Die Entstehung der Krankheit.

Bei dem Rübenschorf sind die Zellen der äussersten Hautschichten abgestorben und konnte Frank in den absterbenden Hautschichten sehr kleine kokkenförmige Bacterien nachweisen, die man nach seiner Ansicht wahrscheinlich als die Veranlasser der Krankheit anzusehen hat. Nach den Untersuchungen H. L. Bolley's würde der Rübenschorf und der Tiefschorf der Kartoffeln durch denselben parasitischen Organismus hervorgerufen werden, also durch sehr kleine mikrokokkenähnliche Bacterien. Nach Sorauer geht aber von schorfigen Kartoffeln nicht nothwendig Schorf auf Rüben über, so dass die Ansicht Bolley's nicht in allen Fällen stichhaltig ist.

4. Die Bekämpfung der Krankheit.

Es ist bei dieser Krankheit, nach dem heutigen Stande unseres Wissens über dieselbe, unmöglich, allgemein anwendbare Bekämpfungsmittel anzugeben, denn diese Krankheit ist in ihrer Ursache noch viel zu wenig aufgeklärt, um diesbezüglich bestimmte Vorschläge machen zu können. Vielleich kann man hier, wie gegen den Kartoffelschorf, vorbeugend vorgehen und in der Düngung und Fruchtfolge Vorsicht walten lassen. Es wären daher in erster Linie Felder, die vorher schorfige Kartoffeln getragen haben, zur Rübencultur nicht geeignet und daher möglichst auszuschliessen.

Sehr bemerkenswerth sind auch die Vorschläge, die Hollrung gegeben hat. Die Bekämpfung der Krankheit ist nach dessen Ansicht nur durch solche Mittel gegeben, welche darauf hinwirken, dass dem Boden ein gewisses Mass von Feuchtigkeit, wie es die Rübe zum normalen ungehemmten Wachsthum bedarf, gesichert wird. Dazu gehört vor Allem gutes Zurechtmachen des Rübenackers vor Winter. Je krümmeliger der Rübenboden wird, je mehr jedes einzelne Ackertheilchen in sich „gegahrt" ist, desto wasserhaltender (nicht wasserhaltiger), also ausdauernder in seinen Feuchtigkeitsverhältnissen wird der Rübenboden. Gleichzeitig wird aber die Luftcirculation umso ungehemmter. In zweiter Linie ist eine kräftige Mistdüngung geeignet, dem Boden die den Rüben nöthige Feuchtigkeit zu erhalten. Dieser Rath bleibt auch dort in Geltung, wo der direct zur Rübe verabreichte Mist nicht für angebracht erachtet wird. Man wird auch bei Rüben im zweiten Dünger noch die erwünschte Wirkung haben. Als Drittes ist eine Kalkdüngung — die ansonsten allerdings sehr nützlich ist — zur Rübe, dort wo Schorfbildung auftritt, zu meiden. Ein solcher Fall würde z. B. auf einem an und für sich sehr trockenen Boden vorliegen; um ihm die Kalkdüngung nicht ganz zu entziehen, müsste dieselbe zu den Vorfrüchten der Rübe gegeben werden.

V. Der Gürtelschorf oder der gezonte Tiefschorf der Rübe.
(Tafel VII.)
1. Aussehen und Verlauf der Krankheit.

Unter diesem Namen wurde in jüngster Zeit durch die Abhandlungen von Frank und Sorauer eine Krankheit allgemein bekannt, die als eine besondere Form des Schorfes aufzufassen ist und sich in ganz charakteristischer Weise äussert, infolge dessen für sie ein besonderer Hauptabschnitt gewählt wurde. Frank nennt diese Erscheinung „Gürtelschorf", während ihr Sorauer den Namen „der gezonte Tiefschorf der Rüben" beilegt.

Frank hebt hervor, dass diese Krankheit im Jahre 1899 auffallend häufig aufgetreten ist; dieselbe ist nicht als neu zu bezeichnen, nachdem er sie schon im Jahre 1894 gesehen und beschrieben hat. Da diese Krankheit selten aufgetreten ist, wurde sie wenig beachtet; im Jahre 1899 indessen wurde die Krankheit aus verschiedenen Gegenden gemeldet und stellenweise über empfindlichen Schaden geklagt, namentlich aus der Gegend zwischen Oschersleben, Braunschweig und Hildesheim. Die Symptome dieser Krankheit sind so charakteristisch, dass man sie leicht erkennen kann. Die Krankheit besteht in einem Missrathen des Rübenkörpers, wobei aber an den Blättern meist nichts Krankhaftes zu bemerken ist, weshalb man erst beim Ausnehmen der Rüben auf die Krankheit aufmerksam wird. Der mittlere dickste Theil der Rübe zeigt eine eigenthümliche Schorfbildung unter erheblichem Dickenwachsthum der Rübe an der gleichen Stelle, u. zw. erstreckt sich dies mehr oder weniger gürtelförmig um den ganzen Rübenkörper oder um einen grossen Theil desselben herum; dabei ist das oberste Ende und der ganze untere dünnere Theil der Rübe gesund. Die Rübe sieht daher ungefähr aus, als wenn ein äusseres Hinderniss sie in der Mitte zusammengeschnürt und am Dickenwachsthum gehindert hätte. Aus diesem Grunde hat Frank die Krankheit als „Gürtelschorf" bezeichnet. Besonders charakteristisch ist ferner, dass die Verminderung des Dickenwachsthums in der ganzen Schorfzone keine gleichmässige ist, denn es wechseln furchenartige Vertiefungen mit wulstartigen Erhöhungen regellos ab, so dass oft ein Aussehen entsteht, wie dasjenige der Oberfläche eines Gehirnes. Bei manchen solchen Rüben ist die gürtelförmige Einschnürung so stark, d. h. der Process hat schon in so früher Periode begonnen, dass der Rübenkörper ganz und gar durchgeschnürt erscheint, und dann also das untere gesunde Ende ganz fehlt und die Pflanze abstirbt.

Frank hat in früheren Veröffentlichungen bereits festgestellt, dass der Krankheitsprocess in einer schorfartigen Zerstörung des Hautgewebes der Rübe besteht und dadurch auch der bekanntlich dicht unter dem Hautgewebe liegende Verdickungsring, welcher das Dickenwachsthum der Rübe vermittelt, in Mitleidenschaft gezogen und damit das letztere gehemmt wird. Natürlich müssen alle Punkte, an denen dieser Process den stärksten Grad hat, schliesslich als Furchen, alle anderen Punkte als erhabene Wulste hervortreten. Ausser dieser an der Oberfläche des Rübenkörpers wirkenden Störung ist nichts Krankhaftes vorhanden, insbesondere ist das ganze Innere des Rübenkörpers, selbst an den Stellen stärkster Wachsthumsbeschränkung, in der Regel ganz gesund und weiss.

In Bezug auf die Unterschiede dieser Krankheit gegenüber anderen Krankheitszuständen der Rübe ist zu bemerken, dass wohl noch andere schorfartige Erkrankungen der Rübenoberfläche (siehe Hauptabschnitt IV:

„Der Rübenschorf") vorkommen, die aber eigentlich erst an dem erwachsenen Rübenkörper auftreten und also keine Behinderung des Dickenwachsthums der Rübe mehr im Gefolge haben, so dass solche Rüben etwa wie schorfige Kartoffeln aussehen, während bei vorliegender Krankheit offenbar ein schon in ziemlich früher Periode einsetzender Process vorliegt, welcher aber auch den Wachsthumsvorgang beeinflusst und welcher gürtelförmig, also sowohl über die Backen der Rübe, wie über die Wurzelrinne herumgreift. Von der bekannten Trockenfäule ist diese Krankheit sehr leicht zu unterscheiden, denn erstere ist nicht auf das Hauptgewebe beschränkt, sondern greift in das Grundgewebe der Rübe ein und schreitet unaufhaltsam ins Innere derselben vor. Ebensowenig ist eine Verwechslung mit der Rübenschwanzfäule oder der Bacteriose der Rüben möglich (siehe Hauptabschnitt VII) nachdem diese Krankheit immer eine vom Wurzelende aus heraufsteigende totale Gewebefäulniss ist, welche oft gar nicht bis zum dicksten Theil der Rübe heraufschreitet und dann nur den ganzen Rübenschwanz zerstört.

Nach den bisher vorliegenden Meldungen ist die Krankheit in folgenden Ländern gefunden worden: Hannover, Braunschweig, Provinz Sachsen, Pommern, Schlesien und Böhmen. Es liegen Fälle vor, wo die Krankheit in derselben Wirthschaft, in der sie bereits im Jahre vorher beobachtet wurde, im nächsten Jahre in weit stärkerem Grade aufgetreten ist. Dies könnte den Gedanken nahelegen, dass der Urheber ein Lebewesen ist, welches in der betreffenden Gegend aufgetreten ist oder die Gewohnheit angenommen hat, an den Rüben die geschilderten Erscheinungen hervorzurufen.

Sorauer hat zwei Rüben untersucht, von welchen er folgende Beschreibung gibt: Die Rüben waren nur oben im Querschnitt kreisrund und erhielten bald an den beiden Seiten, welche die Wurzelreihen trugen, eine beträchtliche Abflachung, die sich nach dem Schwanzende hin wieder verlor. Die abgeflachten Seiten waren muldenartig vertieft und das Centrum der Mulde war etwa 6 *cm* von der Schnittfläche am Rübenkopf entfernt. Die Oberfläche der Mulde ist dadurch wellig, dass um ein tiefliegendes Centrum sich die einzelnen Ringe des Rübenkörpers terrassenartig nach aussen ansteigend in mehr oder weniger deutlich hervortretenden concentrischen Ringen erheben. Diese Form der Vertiefung entspricht dem sogenannten offenen, rosenartigen Krebs der Aepfelbäume. So wie dort findet man auch bei den Rüben einen tiefstgelegenen Herd intensivster Erkrankung, der fast bis an die innersten Gefässbündelringe reicht, und jeder neuere Ring springt von dem vorhergegangenen etwas zurück. Das Aussehen der muldenartigen Vertiefung ist zunderig schorfig, d. h. der Grund-

charakter ist die Zerklüftung, wie sie bei dem gewöhnlichen Rübenschorf, zu sehen ist. Aber die schorfige Fläche zeigt ausserdem eine
Menge röhrenartiger Gänge und Löcher, die den Anschein erwecken,
als ob ausserordentlich zahlreiche kleine Würmer die Oberfläche zer-
wühlt hätten. Das Gewebe in den Gängen ist abgestorben und im
Zerfall und diese zerfallenen Gewebemassen geben dem Krankheitsherde die faserige oder zunderige Beschaffenheit. Thierische Feinde,
denen man die gangartigen Vertiefungen der Oberfläche hätte zu-
schreiben können, waren nicht aufzufinden. An Querschnitten durch
solche mit anscheinenden Bohrlöchern versehenen Regionen gewahrt
man auch alsbald, dass derartige Gänge keine glatten Wandungen,
keine gleichmässige Weite und keinen geraden Verlauf haben, auch
kaum jemals Excremente oder Frassmehl erkennen lassen, sondern oft
ganz winkelig, bald eng und bald weit verlaufen. Die Auskleidungen
der gangartigen Vertiefungen bestehen aus braunen, verkorkten, zacken-
artig vorspringenden Gewebenresten, deren Oberflächen durch Zellen
oder Zellenreste gebildet werden, welche jenen eigenartigen körnigen
Zerfall zeigen, wie die übrige schorfige Oberfläche der Wundstelle. Man
sieht auch unterhalb der winkelig verbogenen gangartigen Gruben bisweilen in deren nächster Nähe im noch weissen Rübenfleische braune
Gewebeherde oder schon Löcher mit denselben Zerfallserscheinungen,
wie sie die äussere schorfartige Oberfläche aufweist. Serienschnitte
lassen erkennen, dass solche Löcher irgendwo in Verbindung mit einer
der gangartigen Vertiefungen stehen, also Fortsetzungen der von aussen
vordringenden Gewebezerstörung darstellen.

Diese gangartige Vertiefung der Krankheitsherde, verbunden mit
dem einseitigen Verlust der Gefässbündelringe, ist charakteristisch und
muss als eine besondere Form des „Tiefschorfes“ aufgefasst werden,
und, nachdem die einzelnen Gefässbündelringe sich nach ihrer Verletzung wallartig durch Neubildung von Zellen hervorwölben und
damit concentrische Zonen bilden, unterscheidet Sorauer diese Schorf-
form als „gezonter Tiefschorf“ von den bisher bekannten Formen.
Dass die vorliegende Krankheit thatsächlich als Schorf, u. zw. als
die gefährlichste Art desselben aufzufassen ist, dürfte aus der wesent-
lichen Uebereinstimmung des Gewebezerfalles mit dem der anderen
Schorfformen hervorgehen. Man findet wie bei jenen auch Bacterien
an den Krankheitsherden und in diesen möchte Sorauer die Ursache
der Gewebezerstörung suchen. Sorauer ist wohl noch nicht in der
Lage, die vorhandenen Bacterien zu bestimmen, indess dürfte nach
dem Nachweis des gewöhnlichen Schorfes als Bacterienkrankheit seitens
amerikanischer Forscher und bei der Abwesenheit sonstiger parasitärer
Organismen die Art des Gewebezerfalles die Bezeichnung der vor-

— 63 —

liegenden Krankheit als „Schorf" rechtfertigen. Seiner ganzen Entwicklung und seinem äusseren Ansehen nach schliesst sich der „gezonte
Tiefschorf" an die anderen bereits bekannten Formen des Schorfes an
und stellt nur eine bisher unbekannt gewesene Stufe extremster Heftigkeit mit grossem Gewebeverlust dar. Die Erkrankung schreitet zuerst
in der Intercellularsubstanz fort, dieselbe wird später gelockert und
beginnt schliesslich körnig-schleimig zu zerfallen. Der Zerfall setzt
sich später auf die Zellwand selbst fort, und bei Zusatz von Wasser
zu einem frischen Schnitt sieht man neben farblosen Kokken oder
Stäbchen dunklere Körnchen als Reste der Zellwand sich abheben.
Dieselben waren, bisweilen in Gemeinschaft feinster Bodenpartikelchen,
bis zum Wasserzutritt den festen Theilen der zerfallenen Zellwand angeklebt, und aus diesem Umstand muss geschlossen werden, dass der Zerfall
der Membranen bei der Schorfkrankheit ein „körnig-schleimiger" ist;
sonst erscheint der ganze Vorgang als ein trockener Zersetzungsprocess.

Auf den Schorfstellen finden sich wohl Mycelpilze u. dgl. vor und
sind derartige Ansiedlungen ziemlich häufig, doch aber nur Zufälligkeiten, die den Charakter der Schorferkrankung in keiner Weise ändern.
Bemerkenswerth ist die locale Ausbreitungszone des Schorfes. Das
Centrum der muldenartigen Vertiefung, welches gleichzeitig der Ort der
intensivsten Erkrankung ist, wurde etwa 6 cm unterhalb der Kopfschnittfläche gefunden. Von dieser Centralpartie aus lässt die Stärke der
Verschorfung nach oben und unten hin insofern nach, als immer weniger
Ringe des Rübenkörpers angegriffen erscheinen, also die Krankheit immer
mehr auf die äusseren Schichten beschränkt wird. In ihrer localen Angriffsweise lässt sich ein Unterschied nicht finden; es muss also an
den Stellen, wo der Schorf am tiefsten im Rübenkörper auftritt, die
Zeit des Angriffes seitens des Schorforganismus eine grössere gewesen
sein. Mithin kommt man zu folgendem Bilde: Die Schorfbacterien haben
den Rübenkörper zunächst, u. zw ungewöhnlich früh im Jahre in einer
bestimmten Region unterhalb der Erdoberfläche angegriffen und sind
von da in nachlassender Heftigkeit nach oben und unten fortgeschritten.
Diese Vertheilung, die auch schon anderweitig beobachtet wurde und
nach Frank zu der Bezeichnung „Gürtelschorf" Veranlassung gegeben
hat, lässt vermuthen, dass die Schorfbacterien, wenigstens diejenigen für
die Tiefschorfform, am besten gedeihen in einer gewissen Entfernung von
der Erdoberfläche, also vielleicht bei einer beschränkten Sauerstoffzufuhr. Diese Organismen sind auch zeitlich in ihrer Entwicklung beschränkt, indem das Stadium ihrer stärksten Angriffsweise im Frühsommer liegen muss. Für diese Ansicht sprechen die Heilungsbestrebungen
des durch den Schorforganismus verletzten Rübenkörpers. Es wurde
gegen Mitte November beobachtet, dass unterhalb vieler Schorfstellen

sich eine Isolirlage aus wirklichen Korkzellen gebildet hatte, die dem Weiterschreiten der Verschorfung eine Grenze setzte; weiter wurde auch gefunden, dass der Rübenkörper bereits Zeit gefunden hatte, durch Neubildung von Rübenfleisch die verschorfte Oberfläche abzudrängen. Diese Neubildungsbestrebungen sind die Ursache der terrassenförmigen Vorwölbung der einzelnen Ringe. Ein noch weit auffälligerer Heilungsvorgang besteht in der Region unmittelbar in der Nähe der oberen Schnittfläche am Rübenkopfe in perlartigen Auswüchsen und flacher Höcker, die bis 1 *cm* Höhe erreichen und kranzartig am obersten Rübentheile vertheilt liegen. Dieselben sind dadurch entstanden, dass in den einzelnen schwächeren Schorfherden eine so mächtige Bildung von Wundcallus stattfand, dass das Rübenfleisch sich hügelig emporgewölbt hat. In dem Wundcallusgewebe hat sich später eine reguläre Vermehrungszone ausgebildet, welche bis zum Herausnehmen der Rüben die hügelartigen oder perlartigen Vorsprünge noch in dauernder Vergrösserung erhalten hat. Die Schorfbildung ist dabei nicht ganz zur Ruhe gekommen, sondern zeigt sich in den Anfangsstadien als flache Schorfstellen auch auf den perlartigen oder knolligen Neubildungen. Diese Anfangsstadien erklären auch die Entstehung der wurmartigen Gänge, von welchen anfangs die Rede war.

Aus seinen Untersuchungen zieht S o r a u e r den Schluss, dass die vorliegende eigenartige Erkrankung als eine extreme Form des Rübenschorfes aufzufassen ist, die entweder demselben Organismus, welcher den gewöhnlichen Flachschorf erzeugt, oder einem nahe verwandten ihre Entstehung verdankt.

Nach H o l l r u n g wurde die Krankheit auch früher vereinzelt beobachtet, doch ist sie im Jahre 1899 besonders häufig aufgetreten. Die erkrankte Rübe macht oberirdisch einen gesunden, guten Eindruck und sind die Veränderungen nur auf die Wurzel beschränkt, wie dies beim Rübenschorf überhaupt zu bemerken ist (siehe Seite 56). Die Form ist häufig verzweigt, verdreht, der Kopf mit gekröseartigen Gebilden besetzt; ihre Oberfläche ist mehr oder weniger vollständig gebräunt. Auf dem Felde befanden sich dicht neben gesunden Exemplaren kranke Exemplare; in einzelnen Bezirken wurden durch den Gürtelschorf 50°/₀ der Ernte vernichtet. H o l l r u n g widerspricht nicht direct den Ansichten F r a n k 's über die Ursache dieser Krankheit, möchte aber diese auf ungünstige Witterungsverhältnisse zurückführen. In den Wintern 1897/98 und 1898/99 waren nur geringe Fröste und die Winterfeuchtigkeit ist weit unter diesem Mittel geblieben. Im letzten Jahre kommen dazu noch die ungünstigen Einflüsse einer langen Trockenperiode im Sommer. Die Landwirthe haben nun trotz sorgfältiger Zubereitung der Rübenpläne wegen mangelnder Winter-

fröste und Winterfeuchtigkeit die erforderliche Bodengahre nicht erzielen können. Landwirthe äusserten sich fast ausnahmslos dahin, dass
die kranken Rüben an Anbaustellen standen, die bindig waren und
nicht „klar" werden wollten. Daraus erklärt sich auch das Neben-
einanderstehen gesunder und kranker Rüben. Die kranke Rübe ist im
Erdreich gestanden, das wegen mangelnden Frostes und infolge dessen
wegen mangelnder Gahre des Bodens zu dicht in seinem Gefüge war.
Die Rübe leidet in derartigem Erdreich Mangel an Luft und Feuchtigkeit. Hollrung erblickt in dieser Krankheit eine Verkorkung der
Oberhautzellen; dort, wo die Krankheit weiter um sich gegriffen hat,
sind offenbar secundäre Erscheinungen hinzugekommen. Hollrung
hält die Bezeichnung „Gürtelschorf" deshalb auch nicht für richtig,
nachdem seiner Ansicht nach ein thierischer oder pflanzlicher Krankheitserreger fehlt. Die Veränderung der Wurzeloberhaut ist eine
Reaction gegen das Vertrocknen.

2. Die Ausbreitung der Krankheit.

Wie aus den Mittheilungen Frank's und Hollrung's hervorgeht, so ist die Krankheit nicht als „neu" zu bezeichnen, nachdem
sie schon in früheren Jahren beobachtet wurde. Blossfeld glaubt
sogar, diese Krankheit schon in den Jahren zwischen 1867 und 1869
beobachtet zu haben, u. zw. nicht nur an Fabrikrüben, sondern auch
an Stock- und Samenrüben. Die Rüben stammten immer von leichten
Böden, wo Grand oder Kies im Untergrunde war, sowie aus Jahren
mit gutem Zuckergehalt in den Rüben und wenig Regen. In den
folgenden Jahren scheint die Krankheit nur vereinzelt aufgetreten
zu sein, so dass man ihrer nicht achtete. Frank berichtet weiter,
dass man die Krankheit weiter in den Achtzigerjahren bemerkte,
seitdem aber, wo der Acker besser gepflegt und gekalkt wurde,
minder häufig. An vielen der Rüben musste nach den Beobachtungen
im Jahre 1898 die Erscheinung erst, nachdem die Pflanzen ziemlich aus-
gewachsen waren, aufgetreten sein, bei einzelnen schon Ende Mai oder
anfangs Juni, da die Wachsthumsbehinderung an manchen Stellen
bis in die ersten Verdickungsringe des Rübenquerschnittes eingriff.
Zuckerbestimmungen ergaben folgendes Resultat:
Gesunde Rüben: 14·8, resp. 14·4% Zucker
Kranke „ 15·2, „ 14·5% „
Die Ursache der Krankheit blieb unbekannt.
Eine Beschreibung dieser Krankheitserscheinung liegt übrigens
auch aus dem Jahre 1897 vor und wurde speciell hervorgehoben, dass
das Innere der Rübe weiss, gesund und meist auffallend zuckerreich
erschien. Auf strengem thon- oder lehmreichen, besonders auch viele

Steine enthaltendem Boden war die Erscheinung weit häufiger als auf leichtem Boden.

In welcher Weise und in welchem Umfange die Krankheit im Jahre 1899 aufgetreten ist, davon geben die oben hervorgehobenen Mittheilungen von Frank und Hollrung Zeugniss. Dass die Krankheit auch in Oesterreich-Ungarn aufgetreten ist, daran ist nicht zu zweifeln, leider ist es mir aber nicht gelungen, nähere Mittheilungen zu erhalten. Im October vergangenen Jahres untersuchte ich drei Rüben aus Mähren, deren Aussehen mit der hier beschriebenen Krankheit Aehnlichkeit hatte und konnte ich nur erfahren, dass die Erscheinung sporadisch aufgetreten und früher nicht beobachtet (vielleicht auch nicht beachtet) wurde.

3. Die Entstehung der Krankheit.

Frank, der sich mit dieser Krankheit viel beschäftigte, blieben anfangs die Ursachen unbekannt und sind auch seine bisherigen Nachforschungen über die Zerstörer des Hautgewebes dieser Krankheit noch immer nicht zum Abschluss gelangt. Bestimmte Anhaltspunkte, dass es Bacterien sind, lassen sich bis jetzt nicht gewinnen. Vielleicht sind Aelchen die Zerstörer, denn solche Thierchen wurden nicht selten dicht unter der Oberfläche gefunden. Die gefundenen Aelchen gehören aber nicht der Gattung Heterodera, sondern der Gattung Tylenchus oder einer verwandten an. Es muss aber noch entschieden werden, ob diese Aelchen bei dieser Krankheit nur secundär eingewanderte Gäste oder primäre Parasiten und dann also die Ursachen des Gürtelschorfes sind.

Nach Sorauer's Anschauung hängt eine starke Schorferkrankung mit dem Auftreten einer heissen Trockenperiode auf gewissen Bodenarten zusammen und dürfte unter denselben Bedingungen zustande kommen, unter denen eine andere Bacterienkrankheit, nämlich die „gummose Bacteriosis" (s. Hauptabschnitt VII), sich entwickelt. Die Anzeichen derselben, nämlich das Auftreten geschwärzter Gefässbündelringe an Schnittflächen, die einige Zeit an der Luft gelegen haben, möchten nach Sorauer's Vermuthung auch hie und da gemeinschaftlich mit dem gezonten Tiefschorf zu beobachten sein.

Hollrung ist dagegen, wie bereits hervorgehoben, der Ansicht, dass ein thierischer oder pflanzlicher Krankheitserreger fehlt und möchte die Krankheit auf ungünstige Witterungsverhältnisse zurückführen.

Nach der Mittheilung von Blossfeld glaubte man Ende der Sechzigerjahre die Ursache dieser „Rübenmüdigkeit" in der Armuth des

Bodens an Kalk und Kalisalzen suchen zu müssen; nach starker Düngung mit den betreffenden Nährstoffen blieb jedoch diese „Rübenmüdigkeit" dieselbe.

4. Die Bekämpfung der Krankheit.

Bei der Verschiedenartigkeit der Ansichten, die über die Entstehung der Krankheit gegenwärtig noch herrschen, ist es unmöglich, irgendwelche Bekämpfungsmassregeln anzugeben. Blossfeld meint zur Bekämpfung des Gürtelschorfes einen Anbau von Cichorien hintereinder zu empfehlen oder auf Cichorien Kartoffeln folgen zu lassen. Was er damit bezwecken will, ist nicht recht klar. Wenn durch einen Zwischenbau von Cichorien die Nematoden im Boden absterben, wie er gefunden hat, so liegt darin keine Bekämpfungsmassregel gegen die Krankheit, nachdem dieselbe mit den Nematoden nichts zu thun hat, und auch Tylenchus und andere verwandte Gattungen, deren Thätigkeit in Bezug auf die Entstehung der Krankheit übrigens noch sehr in Frage steht, werden sich durch einen Cichorienzwischenbau gewiss nicht abhalten lassen.

VI. Der Wurzeltödter oder die Rothfäule der Rüben (Rhizoctonia violacea Tul.).

(Tafeln VIII und IX.)

1. Aussehen und Verlauf der Krankheit.

Die Krankheit, welche ausser auf Zucker- und Futterrüben auch auf Luzerne, Möhre, Zwiebel und Saffran auftritt, charakterisirt sich durch einen Ueberzug von dunkelpurpurrother oder violetter Farbe, der zumeist am unteren Theil der Rübe seinen Ausgang nimmt, am Rübenkörper emporsteigt und denselben bei starkem Befall vollständig umkleidet. Der Kopf der Rübe bleibt zumeist frei oder wird nur bei aussergewöhnlich starkem Auftreten der Krankheit mit betroffen (siehe Tafel VIII). Es finden insoferne auch Abweichungen statt, dass, wie Hollrung beobachtete, der Ueberzug bis nahe zum Kopf geht oder sich in der Mitte der Rübenwurzel vorfindet, ohne gleichzeitig auch die Wurzelspitzen ergriffen zu haben. Die Flecke erscheinen mitunter dicht punktirt oder narbig. Tritt die Krankheit mässig auf, so finden sich nur einzelne Flecke vor, die einen geringen Theil des Rübenkörpers bedecken, sich zumeist nur an dem unteren Theile desselben befinden und eventuell auch die Seitenwurzeln

5*

bedecken. Im Jahre 1899 habe ich übrigens auch rothfaule Rüben untersucht, bei welchen die Krankheit ganz merkwürdig auftrat, indem nämlich nur der Rübenschwanz, worunter der unterste Theil der Rübenwurzel zu verstehen ist, von der Krankheit befallen war, während der eigentliche Rübenkörper, der für die Verarbeitung der Rübe von Wichtigkeit ist, vollkommen gesund blieb und keine Spur von Flecken aufwies. Die befallenen Rübenschwänze waren spiralförmig eingedreht, verschrumpft, runzelig aussehend und so hart und zugleich spröde, dass sie leicht abgebrochen werden konnten (Tafel IX). Gegen den gesunden Rübenkörper waren die erkrankten Wurzelspitzen zumeist deutlich abgeschnürt. Bei einer Rübe bildete der ebenfalls ganz harte Ueberzug eine Art Röhre, welche von dem eingeschrumpften harten Schwanzende der Rübe leicht abgezogen werden konnte. Die, wie erwähnt, ganz gesunden Theile der Rübenwurzeln, die bei der Verarbeitung in Betracht kommen, zeigten auch einen ganz normalen Zuckergehalt, waren aber nur gering im Gewicht, welches — die Untersuchung wurde am 14. November vorgenommen — zwischen 150 bis 250 g schwankte.

Die Krankheit befällt ausschliesslich den Rübenkörper, hat also ihren Sitz in der Erde. Sie tritt gewöhnlich erst im Spätsommer auf, wird aber, wenn sie nicht zu sehr vorgeschritten ist und daher durch das Verwelken der Blätter verrathen wird, erst bei der Ernte bemerkt.

Bei dem gewöhnlichen Auftreten der Krankheit färbt sich unter den Flecken bald das darunter liegende Zellgewebe braun und die Rübe geht in Fäulniss über. Die Rübentheile sind dann zumeist weich und manchmal, um einen bezeichnenden Ausdruck zu gebrauchen, förmlich „quatschig". Kleinere Rüben verfaulen oft vollständig und sind dann bei der Ernte kaum mehr zu finden; so hatte ich Exemplare in Händen, die nicht einmal 100 g wogen. (Auf Tafel VIII ist ein typisches Exemplar abgebildet.) Grössere Rüben und auch solche, die 800 g und noch mehr wiegen, leisten der Krankheit ziemlich lang Widerstand, doch gehen auch sie schliesslich und dann zumeist in den Miethen in Fäulniss über.

Durch das Ueberhandnehmen des die Krankheit erzeugenden Pilzes geht natürlich der Zuckergehalt der Rübe unter Umständen rapid zurück. Nach den Untersuchungen von Stoklasa enthielt eine Rübe bei schwach rosa Anflug 11·6 % Zucker; im zweiten Stadium, bei welchem die Rübe eine warzige Hülle besass, fiel der Zuckergehalt auf 8·4 % Zucker und im dritten Stadium, bei welchem die Rübe einen rothbraunen Ueberzug aufwies und das Parenchymgewebe gänzlich zerstört war, waren nur mehr 2·2 %₀ Zucker vorhanden. Die vollständig in Fäulniss übergegangene Rübe besass den wohl nicht mehr überraschenden Zuckergehalt von 0·6 %. — Eine ganz merkwürdige und bis jetzt unaufgeklärte Erscheinung ist ferner, dass die Krankheit schon wiederholt auf Plänen auftrat, wo man zum ersten Male Rüben baute. Gaillot beobachtete z. B. einen Fall, bei welchem die Rüben zuerst auf einem urbar gemachten Eichengehölz angebaut und schon im ersten Jahre von der Krankheit ergriffen wurden. Auf altem Rübenlande tritt hingegen die Krankheit sehr selten auf, wenigstens deuten die neueren Beobachtungen übereinstimmend darauf hin. Frank fand bei einem derartigen Auftreten einen sehr hohen Zuckergehalt. So ergab eine Untersuchung am 13. October folgende Zahlen: 22·7° Balling, 18·51 Zucker im Saft, 81·5 Quotient, Zucker in der Rübe 16·1 %. Nach den Mittheilungen Vivien's trat die Krankheit in gewissen Gegenden Frankreichs im Jahre 1899 in grösserem Massstabe, als es früher der Fall gewesen ist, auf. Die Wurzel blieb oft verkümmert und klein und der Ertrag sank ganz bedeutend. Die Rüben liessen sich, was wohl selbstverständlich ist, sehr schlecht verarbeiten und ist es nur zu verwundern, dass man in Frankreich das kranke Material überhaupt verarbeitete, nachdem der Schaden infolge schlechter Verarbeitung und der damit verbundenen schlechten Ausbeute wohl grösser ist, als wenn man die kranken Rüben in irgend welcher Weise vernichtet.

Vivien fand in den kranken Rüben bedeutend mehr Invertzucker (bis zu 1·12 %); die Acidität des Saftes war gewöhnlich schwächer, was bei abnormen und alterirten Säften häufig der Fall ist. Der Reinheitsquotient war bedeutend gesunken (was wohl auch nicht überrascht) und die von dem Pilz befallenen Wurzeln enthielten mehr Salze als die gesunden; ferner wurde auch eine Zunahme der Eiweissstoffe beobachtet, sowohl in Bezug auf das Albumin, als auch der löslichen Verbindungen.

Zum Schluss sei noch auf eine Erscheinung aufmerksam gemacht, die ich im Herbste 1892 zuerst beobachtet und beschrieben habe. Es kamen damals Rüben vor, welche stellenweise mit einem rothbraunen Ueberzuge versehen waren, welcher an manchen Exemplaren nur den Schwanz der Rübe und eventuell die kleinen Seitenwurzeln bedeckte und einen Theil des Rumpfes und den Kopf vollständig frei liess. Bei mehreren Exemplaren hingegen fand sich der Ueberzug vorwiegend nur am Rumpfe vor und liess die unteren Theile der Rübe mehr oder weniger unbedeckt; wieder andere Exemplare wiesen am Kopf an einzelnen Stellen den rothbraunen Ueberzug auf und waren sonst frei davon. Der Ueberzug haftete durchaus nicht fest an der Epidermis, sondern liess sich sehr leicht mit dem Fingernagel entfernen. Bei allen Rüben sah die unter dem Ueberzuge befindliche Epidermis ganz normal aus und zeigte weder Flecke noch Sprünge. Die mikroskopische Untersuchung ergab, dass der Ueberzug aus einem vollständigen Gewebe von septirten, violett gefärbten Myceliumfäden bestand und dass das Pilzgewebe nirgends in das Zellgewebe der Rübe eindrang. Das Innere der Rübe besass auch ein vollständig gesundes Aussehen, und im Rübenfleisch traten unter der Epidermis niemals brandige Flecke auf. Bei mehrmonatlichem Liegen schrumpften die Rüben ein; manche wurden so hart, dass sie mit dem Messer nur mit Mühe durchschnitten werden konnten; irgend welche Fäulniss konnte jedoch nicht beobachtet werden. Die Rüben wurden von der Fabrik direct von den Miethen aus verarbeitet und gaben bei der Verarbeitung weder zu auffälligen Erscheinungen noch Betriebsstörungen Anlass. Die beschriebene Erscheinung habe ich auch in den nächsten Jahren vereinzelt beobachtet, desgleichen im Jahre 1899 auf Rüben aus Südungarn (siehe Tafel IX. Hier ist an einer Stelle der abgelöste Ueberzug und das darunter befindliche gesunde Rübenfleisch deutlich zu sehen). Angestellte Infectionsversuche hatten keinen Erfolg, während bei dem eigentlichen Wurzeltödter die Infection, wie schon Hollrung gefunden hat, und wie ich dies durch directe Impfversuche an gesunden Rüben bestätigen kann, leicht vor sich geht. Die zuletzt beschriebene Krankheit besitzt also durchaus harmlosen Charakter, und es unterliegt gar keinem Anstand, die befallenen Rüben zu verarbeiten oder zu verfüttern. Dadurch, dass das Innere der Rübe ganz gesund ist, ist die Erscheinung auch leicht vom Wurzeltödter zu unterscheiden. Möglicherweise liegt hier ein Vorbote des Wurzeltödters vor, doch fehlt mir hiefür noch jeder Beweis.

2. Die Ausbreitung der Krankheit.

Die Krankheit ist ziemlich verbreitet, namentlich in Böhmen, wo man ihr auch den Namen „rother Schimmel" beilegt, und findet man sie alle Jahre in mehr oder minder starkem Grade. Der Schaden ist im Allgemeinen kein besonders erheblicher, da, namentlich nach den Beobachtungen der letzten Jahre, die Krankheit an Umfang abgenommen hat und sie sogar zu den „gutartigen" gerechnet wird. Immerhin sind aber doch Fälle bekannt, wo sie, infolge ihres massigeren Auftretens, ziemlich Schaden verursacht. Im Jahre 1899 trat die Krankheit in Frankreich, nach Mittheilungen Vivien's, im September nach Regengüssen, welche einer zweimonatlichen Trockenheit folgten, auf, wodurch die Entwicklung der erkrankten

Rüben vollständig eingestellt worden war. Die Rüben hatten dabei weder an Gewicht noch an Zuckergehalt zugenommen.

Vorsicht ist daher bei dieser Krankheit immer anzuempfehlen.

3. Die Entstehung der Krankheit.

Der Wurzeltödter ist eine schon längst bekannte Krankheit, die bereits in den Fünfziger-Jahren von J. Kühn in Deutschland vorgefunden und beschrieben wurde. Aus verschiedenen alten Arbeiten glaube ich sogar annehmen zu dürfen, dass der Wurzeltödter schon in den Vierziger-Jahren in Frankreich aufgetaucht ist.

Die Krankheit wird durch den Pilz Rhizoctonia violacea Tul. verursacht, der den rothen Ueberzug bildet. Es ist aus mehrfach durchgeführten Infectionsversuchen anzunehmen, dass der Pilz einer besonderen Fruchtform zu seiner Fortpflanzung nicht bedarf, sondern sich hierzu einfach seiner Mycelfäden, vielleicht auch der etwas an Sklerotienbildung erinnernden Knäuel von Mycelfäden, bedient. Das Mycelium des Pilzes lebt ohne Zweifel vereinzelt im Boden, denn nur in dieser Weise ist an eine Infection zu denken, und wächst dann unter gewissen Umständen am Rübenkörper auf, wo die Krankheit zur mehr oder weniger kräftigen Entwicklung und Ausdehnung gelangt. Hollrung gelang es durch Eingraben von rothfaulem Rübenmaterial vor Winter, jedesmal die in dem Boden im darauffolgenden Jahre angebauten Rüben mit Rhizoctonia violacea zu verseuchen. Hierbei konnte er bemerken, dass das Auftreten des Pilzes nicht ausschliesslich an die tiefer gelegenen Ackerstellen gebunden ist, denn die künstlich inficirten Rüben trugen den rothen pelzigen Ueberzug zum Theile dicht unter dem Rübenkopf, während die unteren Wurzelpartien vollkommen gesund waren. Im Felde pflegt die Rothfäule allerdings zumeist von unten, d. h. von der Wurzelspitze nach oben hin vorzudringen.

Nach Prillieux findet sich der Pilz niemals an noch gesunden Rübentheilen, sondern nur an stark alterirten Wurzelpartien, deren Structur dem Pilz ein leichtes Eindringen gestattet. Stoklasa ist der Ansicht, dass das Mycelium des Pilzes in dem parenchymatischen Gewebe der Rübe Enzyme ausscheidet, welche durch energische hydrolytische Zersetzung die Saccharose in Hexosen umwandelt, eine Ansicht, die aber erst noch weiter bewiesen werden muss.

Für eine intensive Entwicklung der Krankheit sind gewisse, wenig bekannte klimatische Verhältnisse erforderlich, indem es schon vorgekommen ist, dass ein Feld in einem Jahre ganz gesunde Rüben geliefert hat, trotzdem im Vorjahre dasselbe Feld von der Krankheit befallen worden war. Die Rhizoctonia wurden besonders dort constatirt, wo die Rübe am meisten durch die Trockenheit zu leiden hatte. Es wurden daher im Sandboden viel mehr kranke Rüben gefunden als im Lehmboden.

4. Die Bekämpfung der Krankheit.

Zur Bekämpfung der Krankheit erscheint es geboten, die kranken Rüben sorgfältig aus dem Felde zu entfernen, um der Vermehrung des Pilzes nicht Vorschub zu leisten. Rüben, die nur an dem Wurzelschwanz von der Krankheit befallen sind, können nach der Beseitigung desselben und, wenn der eigentliche Wurzelkörper gesund ist, unbedenklich zur Fütterung benützt werden. Dass stark erkrankte Rüben nicht verfüttert werden dürfen, sondern beseitigt werden müssen, ist wohl selbstverständlich. Man wird sich hüten müssen, den kranken Abfall auf den Composthaufen oder in den Dünger gelangen zu lassen, nachdem man dadurch nur dazu beitragen würde, den Pilz in seiner Ausbreitung zu begünstigen. Vorsicht kann niemals schaden, so dass, wenn bedeutend erkrankte Rüben vorliegen, man dieselben nach Kräften vernichtet, sei es durch Verbrennen oder durch intensive Fäulniss in der Jauchegrube, wodurch auch das Pilzmycelium zerstört wird.

Wenn die Rothfäule auch ziemlich verbreitet ist und alle Jahre auftritt, so hat sie doch infolge der jetzigen Cultur so ziemlich an Gefährlichkeiten verloren, und sind Calamitäten, wie sie früher beobachtet wurden, kaum mehr zu befürchten. Nach Hollrung pflegt der Pilz vorzugsweise dort aufzutreten, wo beim tiefen Pflügen sogenannter todter Boden an die Oberfläche gebracht worden ist, ferner dort, wo Rüben auf etwas eingesenkt liegenden, viel Grundwasserfeuchtigkeit enthaltenden Böden stehen, und endlich auf solchen Flächen, wo in häufiger Folge Zwiebel, Möhre, Luzerne mit Zucker- und Runkelrübe gebaut werden. Dementsprechend hat man daher von den zur Beseitigung der Rothfäule gerichteten Massnahmen besonders jene zu beachten, die auf einer entsprechenden Abänderung der Fruchtfolge und in einer energischen Kalkung der die Rothfäule hervorrufenden Ackerstellen beruhen. Bei undrainirten Böden wird wohl auch auf entsprechende Drainirung Rücksicht zu nehmen sein. Alle diese Massnahmen hat der Landwirth in der Hand und er ist dadurch in der Lage, einer Krankheit, die einst zu den gefürchtetsten zählte, durch die verfeinerten Culturarbeiten mit einer gewissen Beruhigung entgegentreten zu können. Welche Massregel er zu ergreifen hat, kann nicht generaliter gegeben werden; jedenfalls bieten aber die mitgetheilten Vorschläge genügend Material zur Bekämpfung der Krankheit.

VII. Die Rübenschwanzfäule oder die Bacteriose der Rübe.

(Tafeln II und V.)

1. Aussehen und Verlauf der Krankheit.

Gegen Ende Juli, manchesmal auch noch viel später, bemerkt man an den Blättern der Rüben eigenthümliche Veränderungen. Die älteren Blätter verlieren gänzlich oder theilweise ihre ursprüngliche Farbe, erscheinen dunkelbraun, die verwelkten braunen Theile sind zähe, nicht zerreiblich und die gebräunten Blattstiele schrumpfen ein. Der Braunfärbung geht eine von der Spitze aus fortschreitende Vergilbung voraus, die zuerst am Rande erscheint und von da aus keilförmig in jedem zwischen zwei stärkeren Rippen des Blattes gelegenen Felde nach den Mittelrippen hin weitergreift, so dass die direct an den Rippen selbst gelegenen Blattpartien am längsten grün bleiben. Schliesslich sterben die Blätter ab. Die Erscheinung ist zumeist nur eine locale, eine nesterweise, denn bis jetzt hat man die Krankheit nur stellenweise auf dem Feld und nicht in der ganzen Ausdehnung desselben ˙angetroffen. Das Herz bleibt auch ganz gesund und zeigt keine auffälligen Erscheinungen. Die Krankheit wird aber dann erst sicher erkannt, wenn die auffälligen Pflanzen aus der Erde gezogen werden. Der unterste Theil des Rübenkörpers — der Schwanz — ist vollständig abgestorben, zeigt eine schwarze oder schwärzlichgraue Farbe, die bis zur Hälfte des Rübenkörpers und noch höher steigt, wie auch die Abbildung auf Tafel II deutlich zeigt. Die Krankheit steigt also von unten nach oben auf und lässt den Kopf der Rübe zumeist unberührt. Hand in Hand mit dieser äusseren Erscheinung welkt die Rübe und schrumpft ein. Die befallenen Theile des Rübenkörpers sind abgestorben und betrifft dies dann nicht allein die Haupt-, sondern auch die Seitenwurzeln der Rübe. Da die Krankheit, resp. die Fäule von unten nach oben aufsteigt, so ist eine Verwechslung mit der Trockenfäule, die die unteren Theile des Rübenkörpers niemals befällt, nicht möglich. Frank schlägt daher für diese Krankheit den Namen „Rübenschwanzfäule" vor, der dieselbe ganz passend charakterisirt, infolge dessen auch diese Bezeichnung als Ueberschrift gewählt wurde. Eine Verwechslung mit dem Wurzeltödter ist ebenfalls nicht möglich, da der charakteristische Pilzüberzug des Wurzeltödters bei der Rübenschwanzfäule vollständig fehlt. Die Krankheit tritt, wie oben bemerkt, manchmal schon im Juli auf, gewöhnlich aber erst gegen das Ende der Vegetationsperiode der Rübe und kann dann der Landwirth schon durch die Veränderungen der Blätter auf dieselbe aufmerksam werden. Ein bestimmtes Kennzeichen ist allerdings letzteres auch nicht, denn vielfach wird man auf die Rübenschwanzfäule erst beim Ausnehmen der Rüben aufmerksam. Ich habe schon wiederholt die Krankheit in ihrer ganzen charakteristischen Erscheinung erst in den Miethen beobachtet und muss sie sich hier ausgebildet haben, nachdem Oekonomen versicherten, beim Herausnehmen der Rüben aus dem Felde irgendwelche Auffälligkeiten nicht beobachtet zu haben. Je nach dem Grade der Krankheit schwankt auch die Grösse der Rüben; je zeitlicher die Krankheit zum Ausbruch kommt und je früher eine Störung des Blattapparates eintritt, umso natürlicher ist, dass der Rübenkörper im Gewichte zurückbleibt. Ich habe stark erkrankte Rüben mit nur 150 g, dagegen auch solche, die bis zu 500 g wogen, untersucht. Schneidet man eine Rübe an den kranken Stellen durch, so ist hier das Fleisch ziemlich schwarz und zeigt eine ganz eigenthümliche speckige Beschaffenheit; bei starkem Fortschritt der Krankheit ist das parenchymatische Gewebe fast oder vollständig zerstört. Manche zerschnittene Rüben riechen, wie Sorauer hervorhebt, eigenartig und erinnert der Geruch etwas an Johannesbrot. Bei einer derartig hochgradigen Fäulnisserscheinung, wie sie eine solche Rübe bietet, ist es nicht zu verwundern, dass sich an derartigen Rüben der gemeine Pinselschimmel (Penicillium glaucum) und auch der bekannte Micrococcus prodigiosus (Pilz der rothen Milch, Hostienblut) ansetzen und ihnen dann das Aussehen eines recht verfaulenden Pflanzenorganismuses geben. (Zu verwechseln ist übrigens dieses, namentlich in den Miethen auftretende, Faulen nicht mit der sehr häufig vorkommenden Zersetzung der Rüben in Miethen, wobei die Rüben an ihrer Oberfläche mit einem dichten, weissen Filz bedeckt sind, der durch den Pilz Sclerotinia Libertiana Fuckel verursacht wird.) Die erkrankten Rüben erweichen von aussen nach innen und lösen sich endlich zu einer breiigen Masse auf; charakteristisch ist, dass sich an der Oberfläche der faulenden Rüben manchmal auch unregelmässige, knollige, schwarze, bis 1 cm grosse Warzen oder Krusten bilden. Derartig erkrankte Rüben sind natürlich sofort aus den Miethen zu entfernen und zu vernichten. Durchschneidet man eine an der Rübenschwanzfäule erkrankte Rübe am Kopf — also im gesunden Theile — und lässt die Stücke einige Zeit an der Luft liegen, so bräunt sich die anfangs farblose Schnittfläche und es tritt eine dunkle, sich alsbald schwärzende Flüssigkeit in feinen Tropfen an den Stellen der durchschnittenen Gefässbündel heraus, was sich in ringförmig gestellten kleinen schwarzen Punkten zeigt. Die Zeichnung auf Tafel V gibt ein deutliches Bild eines derartigen Durchschnittes. Diese Erscheinung ist, meiner Meinung nach, sehr charakteristisch und habe ich dieselbe noch bei allen untersuchten rübenschwanzfaulen Rüben gefunden. Nach Frank wäre es aber falsch, diese Erscheinung als ausschlaggebendes Kennzeichen für die Rübenschwanzfäule betrachten zu wollen. Es tritt nämlich an jedem Durchschnitt einer frischen Rübe nach einiger Zeit ein Safttröpfchen aus den Gefässbündeln aus, nur ist und bleibt dasselbe farblos, was eben bei der Rübenschwanzfäule nicht der Fall ist. Wenn aber der austretende Saft Färbungen annimmt, so zeigt dies an, dass zugleich ein Chromogen vorhanden ist, welches bei Luftzutritt sich dunkelviolett färbt oder auch schon in der Pflanze zu Farbstoff umgesetzt sein kann. Die Ursache dieser Chromogenbildung ist bis jetzt unbekannt.

Ueber die Zusammensetzung bacterioser Rüben liegen wenig Untersuchungen vor. Herzfeld[*]) untersuchte Rüben, von denen bei den kranken die austretenden Tröpfchen bei der Voruntersuchung Lackmuspapier blau färbten und fand folgende Zahlen:

	März		April	
	gesunde	kranke	gesunde	kranke
	Rüben		Rüben	
Specifisches Gewicht des Saftes	1.064	1·0741	1·0500 (bei 18·5°)	1·0496
Asche im Saft	0·44	0·51	0·73	0·91
Saftpolarisation	15·6	15·4	11·73	9·45
Invertzucker	0·09	0·21	0·20	0·23
Alkoholische Digestion	—	—	11·62	9·35
Schnittflächen zeigen	—	—	saure	schwachs.
			Reaction	

Zu diesen Zahlen bemerkt Sorauer: „Somit finden wir bei den kranken Rüben die schwächer saure Reaction, einen höheren Aschengehalt, weniger Zucker und mehr Invertzucker, obgleich sich in den gesunden Rüben, während der Aufbewahrung auch reichlich Invertzucker gebildet hat."

An von mir Ende 1898 untersuchten Rüben war die Krankheit wohl in einem anderen Masse vorgeschritten, als bei obigen Rüben, wie die Zahlen auf Seite 76 zeigen, zu welchen noch bemerkt sei: Rübe I war beinahe abgestorben, Rübe II war anscheinend minder erkrankt, Rübe III war ziemlich trocken, geschrumpft und am unteren Theile der Rübenwurzel etwas spiralförmig eingedreht, die Krankheit hatte jedoch keinen derartigen Fortschritt wie bei Rübe I und II gemacht, denn es erwies sich nur das untere Schwanzende der Wurzel als todt; Rübe IV war ungefähr wie Rübe II erkrankt.

---

[*]) Nach brieflicher Mittheilung Herrn Prof. Dr. P. Sorauer's.

	Rübe I		Rübe II		Rübe III		Rübe IV	
	frisch	in 100 Theilen sandfreier Trockensubstanz	frisch	in 100 Theilen sandfreier Trockensubstanz	frisch	in 100 Theilen sandfreier Trockensubstanz	frisch	in 100 Theilen sandfreier Trockensubstanz
	%		%		%		%	
Wasser	86·83	—	75·10	—	50·62	—	63·06	—
Eiweiss	0·69	5·30	1·25	5·03	2·31	4·69	4·06	11·01
Nicht eiweissartige Stick- stoffsubstanz	0·06	0·46	0·19	0·77	1·63	3·31	1·32	3·58
Fett (Aetherextract)	0·70	5·37	0·78	3·14	0·68	1·38	1·21	4·28
Rohrzucker (Alkohol-Ex- traction n. Scheibler) . .	0·40	3·07	1·40	5·64	12·40	25·17	1·30	3·52
Invertzucker	1·65	12·67	1·50	6·04	2·70	5·48	0·52	1·41
Stickstoffreie Extractivstoffe	6·37	48·94	13·05	52·58	21·27	43·16	19·89	53·93
Rohfaser	1·50	11·52	4·06	16·36	4·29	8·71	4·27	11·58
Reinasche	1·65	12·67	2·59	10·44	3·99	8·10	4·31	11·69
Sand	0·15	—	0·08	—	0·11	—	0·06	—
	100·00	100·00	100·00	100·00	100·00	100·00	100·00	100·00

Wie aus diesen Zahlen hervorgeht, so ist der ganz bedeutende Rückgang des Rohrzuckers bei Rübe I, II und IV in Anbetracht der weit vorgeschrittenen Krankheit nicht verwunderlich. Der hohe Gehalt an Rohrzucker bei Rübe III kann insoferne nicht überraschen, nachdem diese Rübe nur in verhältnissmässig leichtem Grade von der Krankheit befallen war. Ueberraschend ist nur, dass gerade bei dieser Rübe die Menge des Invertzuckers eine ganz beträchtlich hohe Zahl erreichte, derjenigen der kranken Rübe II ziemlich gleich war und diejenige der Rübe IV, die doch beinahe wie Rübe II erkrankt war, ganz bedeutend überschritt. Rübe IV zeigt dagegen wieder gegenüber den anderen drei Rüben einen verhältnissmässig geringen Gehalt an Invertzucker. Dieses Ergebniss weist also auf ganz eigenthümliche Verhältnisse hin. Wir finden in einer Rübe, die allerdings nicht gesund ist, sondern schon nach ihrem äusseren Ansehen alterirt erscheint, einen ganz normalen Zuckergehalt, dagegen jedoch eine derartig grosse Menge an Invertzucker — oder allgemein ausgedrückt: an kupferreducirenden Substanzen — die ausserordentlich überrascht und nur in den durch die Krankheit eingetretenen merkwürdigen chemischen Veränderungen des Wurzelkörpers ihre Ursache haben muss, wofür noch jede plausible Erklärung fehlt. Die Menge der anderen Substanzen bietet keine auffälligen Zahlen. Die Zusammensetzung der Reinasche — deren Wiedergabe jedoch an dieser Stelle ohne Interesse ist — hat nur in dem abnorm hohen Thonerdegehalte auffallende Zahlen geboten, u. zw. bei allen vier Rüben. Auch darüber lässt sich kein Anhaltspunkt finden, wie überhaupt die heutigen Bestrebungen, die chemische Untersuchung auf das Gebiet der Pflanzenpathologie auszudehnen, uns noch lange nicht berechtigen, aus den erhaltenen Resultaten irgendwelche Schlussfolgerungen zu ziehen oder daran bestimmte Reflexionen zu knüpfen, denn diese Untersuchungen führen noch in ein sehr dunkles Gebiet. Die heutige Rübenpflanze ist ein Individuum substilster Natur und bei derselben spielen die verschiedenartigsten Factoren, wie Dünger- und Bodenverhältnisse, Einflüsse atmosphärischer Natur etc. etc. eine derartige Rolle, dass nur ganz geringe Einflüsse dieser Factoren unsere ganzen gewonnenen Schlussfolgerungen übern Haufen werfen können. Jedenfalls soll man auf diesem Gebiete noch sehr vorsichtig sein und keine bestimmten Rathschläge ertheilen wollen, denn manche Bestrebungen haben, wie die Literatur zur Genüge zeigt, für die Landwirthe nicht zu einem gerade erbaulichen Resultate geführt.

2. Die Ausbreitung der Krankheit.

Die Rübenschwanzfäule ist erst seit wenigen Jahren gekannt und näher beschrieben worden. Ob sie mit der „Wurzelfäule der Runkelrübenpflanze", die Ventzke anfangs der Fünfziger-Jahre beschrieben hat, oder mit der zur selben Zeit in Frankreich bekannt gewordenen Rübenkrankheit, für die man die ganz allgemeine Bezeichnung „maladie des betteraves" wählte, in einen Zusammenhang zu bringen ist, lässt sich wohl kaum entscheiden. Jedenfalls sind aber diese Untersuchungen und Beobachtungen in Vergessenheit gerathen, und erst als fast gleichzeitig Sorauer und Kramer im Jahre 1892 auf die neue Krankheit der Runkelrübe aufmerksam machten, hat man sich mit derselben näher beschäftigt und wurde ihr Auftreten alle Jahre constatirt. Sorauer fand die Krankheit in den Jahren 1893 und 1894 auch auf Zuckerrüben, und zwar in den eigentlichen Rübengegenden Deutschlands. Frank fand die Krankheit sowohl an Zuckerrüben, wie an Futterrüben und speciell in den allerletzten Jahren in verschiedenen Gegenden Deutschlands. Nach seinen Beobachtungen wurden im Jahre 1898 in Rumänien bereits geköpfte und in den Miethen befindliche Zuckerrüben von der Rübenschwanzfäule befallen, welche den ganzen Wurzelschwanz ergriff und zum Theil bis in den dickeren Theil der Rübe hinaufging. In den Miethen machte die Fäulniss weitere Fortschritte. Die Krankheit soll sich schon im August gezeigt haben. Die Bearbeitung der Rüben war eine mangelhafte und wurden dieselben erst vereinzelt, als sie fusshoch waren. Das Feld war vollständig verunkrautet. Trotzdem zeigten aber die Rüben eine überaus üppige Blattentwicklung, erreichten 15'/, Zuckergehalt, mit einem Quotienten von 87. Das Feld trug zum ersten Mal Rüben und erhielt weder Stall- noch künstlichen Dünger. Der Schaden betrug mindestens 10%.

Nach Beobachtungen aus Deutschland aus dem Jahre 1896 war die Fäule verschieden weit im Rübenkörper aufwärts geschritten, bei manchen Rüben bis in den dicksten Theil derselben, bei anderen sogar bis an den Kopf, so dass also die ganze Pflanze abstarb. Auf einer kleinen Fläche zählte man am 1. October 10% kranke Pflanzen und musste die Krankheit also erst spät eingetreten sein. An der Seite der ziemlich grossen, aber vom Wurzelende bis fast zum dicksten Theil hinauf abgefaulten Rüben befanden sich grosse Schorfstellen, welche mehr oder weniger mit der Rübenschwanzfäule in Zusammenhang gebracht wurden, da man hier ebenfalls Bacterien nachgewiesen hatte. In den letzten zwei Jahren habe ich die Krankheit in Mähren und Ungarn wiederholt constatirt und zumeist an Miethenrüben. Auf Feldern traf ich sie selten (September) und da nur immer ganz local. Im vorigen Jahre konnte ich die Krankheit an zur Untersuchung eingelangten Miethenrüben aus Frankreich einigemale vorfinden. Im Allgemeinen dürfte der Schaden, den die Krankheit angerichtet hat, kein grosser sein, u. zw. wenn man die eigentliche Rübenschwanzfäule im Auge hat. Die häufigen Klagen über „faule Rüben" dürften wohl nicht immer mit der Rübenschwanzfäule oder der Bacteriose der Zuckerrübe zusammenhängen, umsomehr als in den Kreisen der Landwirthschaft über das Wesen der vorliegenden Krankheit noch grosse Unklarheit herrscht.

3. Die Entstehung der Krankheit.

Im Jahre 1892 haben, wie früher mitgetheilt, Sorauer und Kramer fast gleichzeitig über eine neue Krankheit der Runkelrübe, welche in Vucovar in Slavonien in besorgnisserregender Weise aufgetreten war, berichtet. Kramer konnte in den Zellen des in Zersetzung begriffenen Parenchyms, ebenso wie in der austretenden gummösen Flüssigkeit zahlreiche Bacterien nachweisen; Sorauer fand ebenfalls in der syrupartigen, zu Gummi erstarrenden Flüssigkeit, welche der schwarzbraunen Verfärbung der Gefässbündel folgte, zahlreiche, anscheinend nur einer Art angehörende Bacterien. Beide Forscher kamen zur Vermuthung, dass eine Bacterienkrankheit vorliege, und Kramer nannte die Krankheit „Bacteriosis", Sorauer „bacteriose Gummosis" der Runkelrübe, eine Bezeichnung, die Frank als unpassend bezeichnete, nachdem die wahre Natur der auf dem Durchschnitte der Rüben austretenden Flüssigkeitströpfchen verkannt und sie für Gummi gehalten wurden, was sie nicht sind.

Sorauer hat später das Wesen und die Verbreitung der Krankheit näher studirt und darüber ausführliche Mittheilungen gemacht. Die an erkrankten Zuckerrüben beobachteten Merkmale stimmten im Allgemeinen mit denen an der Runkelrübe gemachten überein und bestand die wichtigste Krankheitserscheinung in der Inversion des Rohrzuckers. Bezüglich der Entstehung der Krankheit ist Sorauer der Ansicht, dass man es mit einer unter Auftreten von Bacterien sich zeigenden Constitutionskrankheit der Rübe zu thun habe, welche an eine individuelle oder vielleicht bereits gewissen Racen und Zuchtstämmen eigene Dispositon gebunden sei, welche Disposition mit unseren Culturgewächsen in gewisser Verbindung stehe. Sorauer ist geneigt anzunehmen, dass sich in der Weichbastregion, deren englumige Zellen zuerst einen verfärbten und zusammengeballten Inhalt erkennen lassen, ein invertirendes Ferment entwickelt, dessen Thätigkeit die Entstehung, bezw. Vermehrung der reducirenden Substanzen auf Kosten des Rohrzuckers zuzuschreiben ist. Die Frage, ob die Bildung eines solchen Fermentes und das Auftreten der übrigen Krankheitserscheinungen mit dem Vorhandensein einer der von Sorauer isolirten Bacterienarten in ursächlichem Zusammenhange steht, musste aus Mangel an Material an entscheidenden Infectionsversuchen vorläufig offen bleiben.

Schon im Jahre 1892 habe ich über eigenartige Fäulnisserscheinungen an Zuckerrüben berichtet. Ich fand nämlich an dem unteren Theil zweier Zuckerrüben blauschwarze Flecke, welche in ihrer ganzen Ausdehnung von einer klebrigen, gummiartigen Haut bedeckt waren. Das Innere der Rüben war blauschwarz, das parenchymatische Gewebe gänzlich zerstört, so dass nur die Gefässbündel übrig blieben. Wegen Zeitmangel konnten leider diese Beobachtungen nicht weiter verfolgt werden, doch sprach ich die Ansicht aus, dass diese Krankheitserscheinung mit der von Sorauer und von Kramer kurz zuvor beschriebenen Krankheit der Runkelrübe in Zusammenhang zu bringen wäre, eine Ansicht, deren Richtigkeit die späteren Mittheilungen Sorauer's erwiesen haben.

In Amerika haben weiter Arthur und Golden über eine mit Rohrzuckerverlust verbundene Bacteriosis der Rüben berichtet, welche in Indiana beträchtliche Verbreitung erlangt hatte. Die beiden Forscher fanden in allen Theilen der Pflanze, sowohl im Rübenfleisch als in den Blättern Bacterien der gleichen Art, deren Anzahl mit dem Grade der Krankheit zunahm. Ueber die Eigenschaften dieses Spaltpilzes konnte nicht viel ersehen werden, jedenfalls handelte es sich hier, nach der Ansicht W. Busse's, um einen die Gelatine verflüssigenden

Bacillus, welcher in sterilisirtem Rübensaft unter Schwarzfärbung des Saftes gut gedeiht. Uebertragungsversuche mit Reinculturen wurden in ausreichendem Masse nicht angestellt. Der durch diese Krankheit verursachte Verlust an Rohrzucker schwankte zwischen 1·4 bis 4·6%. Nach Busse liegt hier offenbar eine der „Gummosis" Sorauer's sehr nahestehende, wenn nicht mit dieser identische Krankheit vor.

W. Busse hat nun auf Veranlassung Sorauer's, welcher eine Bacterienkrankheit vermuthete, deren Auftreten an eine durch gewisse Culturverhältnisse bedingte Disposition der Zuckerrüben gebunden sei, seine Studien dahin erstreckt, um die Frage zu entscheiden, ob die „Gummosis" der Zuckerrüben als eine echte Bacterienkrankheit anzusehen ist. Hiebei galt es festzustellen, erstens ob sich in den erkrankten Rüben regelmässig Bacterien der gleichen Art nachweisen lassen, denen die Fähigkeit, Rohrzucker zu invertiren, eigen ist, und zweitens zu untersuchen, ob sich an gesunden Rüben durch Uebertragung von Reinculturen dieser Bacterien die charakteristischen Krankheitserscheinungen hervorrufen lassen.

Busse ist es gelungen, durch Einführung der Bacterien in gesunde Rüben die Krankheit zu erzeugen; ferner führten seine bacteriologischen Untersuchungen zur Isolirung mehrerer Bacterienformen. Die Formen α und γ sind als Vertreter der gleichen Art zu erklären, während die Form β vorläufig als Varietät β der neuen Art „Bacillus Betae" (= Bacillus „α" und „γ") bezeichnet werden mag. Die Krankheit ist also nach den Untersuchungen Busse's als eine echte Bacterienkrankheit anzusehen und die Thatsache, dass es gelungen ist, aus kranken Rüben zweier verschiedener Ernten denselben Rohrzucker invertirenden Spaltpilz zu isoliren und aus einer dritten Probe einen dieser Art sehr nahestehenden, biochemisch gleichwerthigen Bacillus zu gewinnen, liefert nach Busse eine sehr bemerkenswerthe Stütze für die Annahme, dass der vorliegenden Krankheit ein specifischer Erreger „Bacillus Betae" einschliesslich dessen Varietät β zugrunde liegt, wobei Busse den Vorbehalt macht, dass sich diese Frage erst nach weiteren Untersuchungen beantworten lassen wird.

Die Impfversuche Sorauer's hatten, nach seinen Mittheilungen im Jahre 1897, keinen positiven Erfolg mit Sicherheit ergeben und erklärten sich möglicherweise diese abweichenden Ergebnisse gegenüber dem Erfolge Busse's damit, dass letzterer im Sommer mit schwächlichen, im Berliner Sandboden erwachsenen Exemplaren experimentirte, während Sorauer sehr kräftiges, von ausserhalb bezogenes, überwintertes Material im Frühjahre bei dem Auspflanzen benützte. Es dürfte der energische Stoffwechsel in den zur Samenproduction austreibenden Rüben den eingeführten Bacterien keinen günstigen Mutterboden für ihre Vermehrung geliefert haben. Sorauer hat auch Feldversuche zwecks Feststellung einer Abhängigkeit der Bacteriose der Zuckerrüben von Witterungs- und Bodeneinflüssen angestellt, welche einige Resultate ergeben haben, die zur Vermeidung der Krankheit im praktischen Betriebe als Fingerzeig dienen können. Diese Versuche, bei welchen das Alter des Saatgutes und der Einfluss der Düngung Berücksichtigung fanden, haben das beachtenswerthe Resultat ergeben, dass die Zuckerrüben ohne Gefahr einer bacteriosen Erkrankung ungemein grosse Mengen stickstofffreien Düngers vertragen können, wenn sie reichlich Wasser während ihrer Vegetationsperiode haben, dass aber die überreichen Stickstoffmengen die Bacteriose wesentlich begünstigen, wenn eine längere, heisse Trockenperiode das Wachsthum der Rübe herabdrückt. Als ein die Ausbreitung der Krankheit hemmendes Mittel ist die Phosphorsäurezufuhr anzusehen. Sorauer ist schliesslich der Ansicht, dass Bewässerungsanlagen für die Rübenfelder vielleicht den besten Schutz gegen die Bacteriose und auch gegen manche andere Krankheiten bilden dürften.

Ein weiterer kleiner Versuch Sorauer's bestätigte die frühere Erfahrung, dass Kalk und einseitige Stickstoffzufuhr die Erkrankung begünstigen. Da, wo die Rübenreihen durch Nachpflanzen ausgebessert werden mussten, lieferten die nachgepflanzten Exemplare einen überwiegend hohen Procentsatz an Schossrüben.

Nach Frank findet man in dem abgestorbenen Schwanzende der Rüben regelmässig Bacterien, welche das Innere der Zellen erfüllen und auch im Innern der Gefässe wahrzunehmen sind, und ist die Vermuthung sehr berechtigt, dass die Bacterien nicht bloss Begleiter, sondern auch Verbreiter der Fäulniss im Rübenkörper sind. Wie dieselben aber zuerst die Rübe befallen, insbesondere wie und wo der Krankheitsprocess seinen Anfang nimmt, ist noch unbekannt. Er scheint in grösserer Tiefe im Boden nach den unteren Theilen der Hauptwurzel zu beginnen und erst allmälig aufwärts nach dem Rübenschwanz fortzuschreiten. Ebenso unbekannt ist, welcher Umstand den ersten Anstoss zu dieser Erkrankung der Wurzel in die Tiefe gibt; möglicherweise spielen hier ungünstige Beschaffenheit des Erdbodens in jener Tiefe und Verwundungen durch Thierfrass eine Rolle.

Linhart hat auf krankem Rübensamen Bacterien aufgefunden, die in der mit „Bacteriose" bezeichneten kranken Rübe anzutreffen sind, nämlich: Bacillus subtilis, B. mesentericus vulgatus, B. liquefaciens, B. fluorescens liquefaciens und B. mycoides. Nach seinen

6

Untersuchungen ist der B. mycoides ein sehr gefährlicher Feind der Rübe und verursacht wohl nur allein die „Bacteriose", während die übrigen genannten Bacillenarten für diese Krankheit als nicht gefährlich erscheinen. Nachdem Linhart seine Untersuchungen nur als vorläufige Mittheilung bezeichnet, so wird es Sache weiterer Untersuchungen sein, die Gefährlichkeit des B. mycoides als „Erreger" der Bacteriose zu beweisen. Nach Linhart tritt die „Bacteriose" auch schon bei jugendlichen Rübenpflanzen auf, also in einem Stadium, wo man vielleicht die Pflänzchen als wurzelbrandig ansehen würde. Es ist nun entschieden nothwendig, hier eine bestimmte Bezeichnung einzuhalten, damit nicht Verwirrungen eintreten, die umso leichter möglich sind, als über die Rübenschwanzfäule oder Bacteriose immerhin noch spärliche Erfahrungen vorliegen und manche Punkte noch vollständig in Dunkel gehüllt sind. Wir haben beim Hauptabschnitt I „Der Wurzelbrand" gesehen, dass das Wort „Wurzelbrand", wie Hollrung mit Recht hervorhebt, nur ein Sammelname ist und die verschiedensten Krankheitserscheinungen, die auf der jungen Rübenpflanze auftreten, in sich einschliesst. Wir wissen, dass an der Entstehung des Wurzelbrandes auch Bacterien betheiligt sein können, warum dann nicht auch der Bacillus mycoides? Wir müssen daran festhalten, dass wir unter „Rübenschwanzfäule oder Bacteriose der Zuckerrübe" eine Krankheit zu verstehen haben, die unter bestimmten äusseren Erscheinungen an der entweder in der vollsten Entwicklung stehenden Rübenpflanze oder aber erst an der Rübenwurzel gegen Ende der Vegetationsperiode der Pflanze auftritt oder endlich gar erst in den Miethen beobachtet wird, damit wir die Krankheit genau bezeichnen und nicht Zweideutigkeiten entstehen, die nur zu Verwirrungen führen.

Wie oben hervorgehoben, so ist es Busse gelungen, durch Einführung von Bacterien in gesunde Rüben die Krankheit zu erzeugen. Ich habe nun versucht, ob es durch Impfung gesunder und sterilisirter Rübentheile mit Theilchen der bacteriosen Rüben gelingen würde, krankheitsähnliche Erscheinungen oder überhaupt eine Alterirung der gesunden Pflanzen hervorzurufen. Die Impfversuche haben nun das unzweifelhafte Resultat ergeben, dass es gelungen ist, an gesunden Rübentheilen krankhafte Erscheinungen, die mit der Bacteriose gewisse Aehnlichkeit haben, hervorzurufen. Ferner haben Fürth und ich aus einer ausgesprochen bacteriosen Rübe einen Bacillus isolirt, dessen Differenzirung wohl noch nicht vollständig gelungen ist, von dem wir aber vermuthen, dass er dem Bacillus viscosus sacchari Kramer nahesteht. Denselben Bacillus konnten wir bei unseren weiteren Untersuchungen ausser aus Rüben aus Mähren auch aus französischen Zuckerrüben isoliren, so dass wohl anzunehmen ist, dass dieser

Bacillus, der übrigens in gesunden Rüben fehlt, an der Entstehung der Bacteriose einen grossen Antheil nimmt.

Jedenfalls steht durch die bisherigen Forschungen fest, dass die in Rede stehende Krankheit als eine wirkliche Bacterienkrankheit anzusehen ist. Die Entstehung der Krankheit ist allerdings noch unbekannt und die Ursache dürfte sich auch so schnell nicht finden lassen. Es mögen hier wohl Vorgänge im Erdboden vor sich gehen, die sich der Beobachtung entziehen und deren Aufklärung wohl noch sehr vieler Studien und Untersuchungen bedarf.

4. Die Bekämpfung der Krankheit.

Wenn die Entstehung einer Krankheit noch unbekannt ist, so ist es auch nicht möglich, Bekämpfungsmittel anzugeben. Möglicherweise geben die oben hervorgehobenen Beobachtungen Sorauer's einen Fingerzeig zur Bekämpfung der Krankheit. Er fand, dass Kalk und eine einseitige reiche Stickstoffzufuhr die Erkrankung begünstigen und dass die Zuckerrüben ohne Gefahr einer bacteriosen Erkrankung ungemein grosse Mengen stickstofffreien Düngers vertragen können, wenn sie reichlich Wasser während ihrer Vegetationsperiode zur Verfügung haben. Auch Phosphorsäuredüngung hemmt die Ausbreitung der Krankheit. Der beste Schutz wäre nach Sorauer aber die Anlage von Bewässerungsanlagen. Jedenfalls spielen bei dieser Krankheit Boden- und Düngerverhältnisse, sowie auch die Witterung eine grosse Rolle, deren nähere Kenntniss noch Gegenstand weiterer Studiums bleiben muss. Da die Krankheit zumeist zerstreut auftritt, so ist eine sorgfältige Herausnahme der Rüben aus dem Felde angezeigt. Dieselbe Vorsicht ist gegebenen Falles auch bei der Ernte zu üben, damit kranke Rüben nicht mit gesunden Rüben eingemiethet werden, nachdem eine Verbreitung der Krankheit in den Miethen doch nicht ausgeschlossen erscheint.

VIII. Der Wurzelkropf.
(Tafel X.)

1. Aussehen und Verlauf der Krankheit.

Man findet des Oefteren Rüben, welche ganz merkwürdige, beulenartige Auswüchse besitzen, die der Wurzel ein eigenthümliches Aussehen verleihen, und zeigen die Abbildungen auf Tafel X zwei recht typische Exemplare, sowie auch einen derartigen Auswuchs (Wurzelkropf) allein, nach dessen Aussehen und Form man wohl kaum

6*

annehmen würde, dass man es hier sozusagen mit einem Bestandtheil einer Rübenwurzel zu thun hat.

Bei manchen Rüben ist die Ansatzstelle des Auswuchses über der Region der beginnenden Seitenwurzeln, also am hypokotylen Glied, und diese Form ist sehr häufig. Manchmal finden sich mehrere Auswüchse nebeneinander und habe ich bis zu drei (siehe Abbildung auf Tafel X) und vier gezählt. Der Auswuchs bildet sich auch unten an der Rübenwurzel und ist diese Form nicht so unhäufig, wenn sie auch seltener als erstere Form zu finden ist. Die Grösse der Auswüchse ist sehr verschieden; man findet manchmal ganz kleine Auswüchse, die öfters nicht viel grösser als eine Haselnuss sind und die wohl auch die Veranlassung geben, dass man über die Ursachen der Missbildung jetzt noch verschiedener Meinung ist. Es hat sogar den Anschein, als ob sich diese Meinungen noch mehr verwirren sollten. Die Missbildungen, resp. die Auswüchse treten nämlich auch in noch anderen Grössen auf, so dass man solche in dem Umfange eines Taubeneies, einer Männerfaust und bis zur Kindskopfgrösse vorfindet. Unter Umständen kann der Auswuchs bedeutend mehr als die eigentliche Rübenwurzel·wiegen und sind Gewichte bis zu 1·5 kg in manchen Jahren gar nicht selten. Ein 1·5 kg schwerer Kropf ist auch auf Tafel X abgebildet. Ich habe Wurzelkropfrüben in Händen gehabt, bei welchen die eigentliche Rübenwurzel nur ein Gewicht von 250 g besass, während der kropfartige Auswuchs über 1200 g, also beinahe fünfmal mehr, wog. Nach privaten Mittheilungen wurden im Vorjahre noch grössere Gewichtsdifferenzen beobachtet, so dass man von einer Missbildung im vollsten Sinne des Wortes sprechen kann. Nach den Beobachtungen von Frank und Sorauer hatte bei einem Wurzelkropf der kugelige Auswuchs in der Nähe des Kopfes einen Durchmessser von 6 bis 8 cm, während der Rübenkopf nur 3·8 cm dick war. Der Auswuchs war hinfälliger als der übrige Körper, denn er zeigte braune, mycelhaltige, ziemlich schnell bis an die Ansatzstelle sich ausbreitende Faulstellen, während der Rübenkörper gesund blieb. Die Rindenschichte des Kropfes erschien dunkelerdfarbig und rissig bis borkig.

In Bezug auf das äussere Aussehen unterscheidet sich der Wurzelkropf zumeist von dem Rübenkörper, aus dem er entstanden ist, durch seine dunklere Farbe. Es rührt dies davon her, dass an der Peripherie des Wurzelkropfes das Hautgewebe ein dickeres ist und sich hier eine grössere Menge abgestorbener Zellen findet. Man findet jedoch auch ganz hell gefärbte Auswüchse, wie der Wurzelkropf allein auf Tafel X zeigt, und ist hier die Naturfarbe genau wiedergegeben. Die Färbung der dazu gehörigen Rübe ist mir unbekannt geblieben, da ich nur den Wurzelkropf in Händen hatte und dieser, wie der Einsender schrieb, allein auf dem Rübenfelde gefunden wurde. Bei der bekannten Thatsache, dass sich der Wurzelkropf sehr leicht von der Rübe loslösen lässt, ist daher eine Trennung beim Ausnehmen der Rüben sehr leicht gegeben, umsomehr, wenn die Missbildung eine bedeutende Grösse erreicht, wie es bei vorliegendem Auswuchs der Fall war. Daher erklärt es sich auch, wie im Jahre 1876 Haberlandt von einer völlig blattlosen Rübe sprechen konnte, die durch ihre abnorme Gestaltung seine Verwunderung auf das Höchste erregte. Er schreibt unter Anderem: „Man hätte die rundliche, etwas abgeplattete Wurzel mit einer Kartoffelknolle verwechseln können, hätten nicht an ihr die Knospen vollständig gefehlt, hätte ihr Gewebe nicht eben den süssen Rübensaft besessen; .... der anatomische Bau der Rübe und des Parenchymus unterschied sich in nichts von den normalen Rübenwurzeln."

Haberlandt legte sich alle möglichen Fragen über die Bildung dieser völlig blattlosen Wurzel vor und erschien ihm dieselbe schliesslich räthselhaft und merkwürdig. Angesichts des hervorgehobenen Umstandes, dass sich der Auswuchs sehr leicht von der Rübenwurzel loslöst und dann bei der Ernte allein gefunden wird, ist die Lösung des Räthsels, die Haberlandt vergebens beschäftigte, wohl eine einfache. Haberlandt hatte nur den Auswuchs allein in Händen und dadurch konnte ihm die Sache „räthselhaft und merkwürdig" erscheinen.

2. Die Ausbreitung der Krankheit.

Der Wurzelkropf ist eine ganz verbreitete Erscheinung und tritt in manchen Jahren in ziemlich bedeutendem Umfange auf, so dass er dann häufig zu finden ist. Dasselbe dürfte auch in früheren Jahren der Fall gewesen sein, denn der Wurzelkropf ist, wie wir im folgenden Capitel sehen werden, sicherlich eine sehr alte Erscheinung, nur hat man früher die Auswüchse infolge des Umstandes, dass sie sich leicht von der Rübenwurzel loslösen, und da man ihr Auftreten auch nicht zu deuten wusste, nicht besonders beachtet. Jetzt, wo diese Erscheinung näher bekannt geworden ist, hört man auch mehr von dem Auftreten des Wurzelkropfes.

3. Die Entstehung der Krankheit.

Die erste Mittheilung über den Wurzelkropf rührt wohl aus dem Jahre 1839 her, denn F. X. Hlubek spricht in seinem Buche „Die Runkelrübe, ihr Anbau und ihre Cultur" von einer Warzenkrankheit, die in beulenartigen Auswüchsen, welche dann und wann auf einem seichten Boden wahrgenommen werden, besteht. Darunter ist jedenfalls der Wurzelkropf zu verstehen.

Die zweite Mittheilung über diese Missbildung rührt von Schacht aus dem Jahre 1862 her, welche er als „monströse Zuckerrüben" bezeichnet. Bei einer diesen „monströsen" Rüben fand er die Rübe sehr klein, aber von normalem Wuchs und wurde sie an dem dünnen Theil zu beiden Seiten von dem Auswuchse umfasst. Die von dem Auswuchse losgetrennte Rübe wog nur 10 Loth, während hingegen der Auswuchs für sich allein 1 Pfund 17 Loth schwer war. Schacht schrieb darüber: „Ein Querschnitt des Auswuchses zeigte, dass derselbe vom innersten Gefässbündelkreis der Rübe ausging und musste also in der ersten Jugend der Rübe entstanden und mit ihr, aber in weit höherem Grad als selbige, gewachsen sein. Die feineren anatomischen Verhältnisse waren zwischen beiden nicht wesentlich verschieden, dagegen zeigte sich im Zuckergehalt ein sehr erheblicher Unterschied. Der Saft der Rübe polarisirte 12·08% Zucker, der Saft des Auswuchses dagegen 6·16%."

Die zweite „monströse" Rübe, die Schacht in Händen hatte, wog 1 Pfund, während der Auswuchs nur halb so schwer war.

Schacht betrachtete diese Missbildungen als Hypertrophien einer Seitenwurzel, womit er im botanischen Sinne eine auf reichlichere Ernährung beruhende Vergrösserung von Pflanzentheilen über ihr gewöhnliches Mass hinaus bezeichnen wollte.

Wenn man von der früher hervorgehobenen Mittheilung Haberlandt's absieht, die das Räthsel der Erscheinung auch nicht löste, hat man sich eine Reihe von Jahren nicht mit dem Wurzelkropf beschäftigt, bis erst anfangs der Neunziger-Jahre Briem auf diese Missbildung wieder aufmerksam machte.

Briem war ursprünglich der Annahme, dass man es hier mit einer durch Thierreiz erzeugten Neubildung am Pflanzenkörper zu thun habe. Bei Untersuchung von 35 Exemplaren konnte er jedoch niemals eine parasitische Ursache finden und nimmt er daher eine mechanische Ursache an, welche eine Stauung des plastischen Materiales und an solchen Orten eine Anhäufung von Baumaterial zur gesteigerten Neubildung hervorruft. Briem hat derartige Wurzelkropfrüben nur in sehr trockenem Boden, wo Sand vorherrschte, niemals aber in kaltem, feuchtem, lehmigem Boden gefunden, so dass möglicherweise Trockenheit die Neubildung eher begünstigt und vielleicht durch Spannungsdifferenz nach aussen der grössere oder kleinere Wurzelkropf an der Rübe entsteht.

Briem, welcher den Wurzelkropf in physiologischer und anatomischer Beziehung näher studirte, hat ferner gefunden, dass sich das Cambium, wie bei der Rübe, immer an die Gefässbündel lagert, woher es kommt, das daselbst die Parenchymzellen die Hauptmasse ausmachen. Nachdem nun die in der unmittelbaren Nähe des Cambiums liegenden Parenchymzellen zuckerreicher sind, während die davon weiter entfernten Parenchymzellen zuckerärmer sind und im Wurzelkropfe gerade diese die Hauptmasse bilden, so ist auch anzunehmen, dass das Fleisch des Rübenkropfes zuckerärmer als jenes der Rübe selbst sein muss.

Die Vermuthung Briem's wurde auch durch die chemischen Untersuchungen von Strohmer und mir über den Wurzelkropf bestätigt, bei welchen von sechs Wurzelkropfrüben der Wurzelkropf und die Rübenwurzel von einander getrennt und separat untersucht wurden. Der Wassergehalt, der Aschengehalt, sowie der Gehalt an stickstoffhaltigen Verbindungen bestätigen die von Briem ausgesprochene Ansicht, dass die Ursache der Missbildung in einer Hypertrophie, veranlasst durch localen Nährstoffüberschritt, zu suchen sei.

Die Assimilation der Pflanze steht naturgemäss mit ihrem Wachsthum in bestimmter Beziehung und ist hiedurch ein stärkeres Zuströmen der organischen wie anorganischen Nährstoffe nach den Arten des Wachsthums und der Neubildung bedingt; da nun der Wurzelkropf als Neubildung aufzufassen ist, so ist auch in demselben eine grössere Anhäufung von Nährstoffen (Aschenbestandtheilen und Stickstoff) zu erwarten, ein Umstand, den Strohmer und ich durch unsere chemischen Untersuchungen bestätigten. Im innigen Zusammenhang mit dem Wachsthum der Pflanzen steht auch die Athmung derselben und wird der hiezu nöthige Sauerstoff bekanntlich nicht nur von oberirdischen Pflanzentheilen der Atmosphäre entnommen, nachdem auch die unterirdischen Theile athmen, wobei sie den Sauerstoff der Bodenluft entnehmen. Mit dem energischen Wachsthum des Rübenkropfes, gegenüber jenem der Rübenwurzel, wird demnach auch die Athmung des ersteren eine kräftigere sein als jene der Wurzel und da hiebei hauptsächlich stickstofffreie Stoffe, namentlich Kohlenhydrate verbraucht werden, so erklärt sich auch deutlich die Erscheinung, dass der Wurzelkropf zuckerärmer als die Wurzel ist.

Strohmer und ich fanden diesbezüglich bei unseren Untersuchungen folgende Zahlen:

	I		II		III		IV		V		VI	
	Rübenwurzel	Rübenkropf	Rübenwurzel	Rübenkropf	Rübenwurzel	Rübenkropf	Rübenwurzel	Rübenkropf	Rübenwurzel	Rübenkropf	Rübenwurzel	Rübenkropf
Rohrzucker	14·45	10·6	17·25	13·8	15·30	13·2	15·3	9·0	16·0	8·2	20·6	18·5
Invertzucker	0·00	0·35	—	—	—	—	0·00	0·30	0·00	0·28	0·00	0·25

Die Unterschiede im Rohrzuckergehalt sind ziemlich gross und kommt dies namentlich bei Rübe IV und ganz kolossal bei Rübe V zum Ausdruck.

Eine ähnliche Erscheinung beobachtet man bekanntlich auch bei der ebenfalls durch Ueberernährung hervorgerufenen Kindelkrankheit der Kartoffel und beruht nach Vöchting diese Bildung lediglich auf der Ueberleitung der Reservestoffe der Mutterknollen in die Kindeln, nachdem den letzteren die Assimilationsorgane fehlen. Bei der Wurzelkropfbildung der Rübe ist dies ebenfalls sehr deutlich zu ersehen.

Wie obige Zusammenstellung weiter zeigt, so ist es interessant, das constante Auftreten von Invertzucker im Wurzelkropf zu beobachten, während die Rübenwurzel selbst diesen Körper nicht enthält. Es dürfte diese Erscheinung dahin zu deuten sein, dass, wie der Rohrzucker in der Rübe aus Stärke und Invertzucker hervorzugehen scheint, auch jener bei seinem Zerfall durch die Athmung wiederum, u. zw. als Zwischenproduct in Invertzucker verwandelt wird und demnach erst successive in Kohlensäure und Wasser zerfällt.

Hollrung ist ebenfalls, u. zw. in Anbetracht dessen, dass die Verbindung des eigentlichen Kropfes mit der Rübe ausnahmslos vermittelst einer sehr schmalen Ansatzstelle und von der Wurzelrinne aus hergestellt wird, der Ansicht, dass in dem Rübenkropfe lediglich die Ueberernährung einer Rübenwurzel vorliegt, und dass diese Erscheinung durch ein erneuertes lebhaftes Wachsthum der Rübe bei bereits vorhandener vollständiger Reife des eigentlichen Rübenkörpers veranlasst wird.

Sehr bemerkenswerth ist ferner die weitere Beobachtung Hollrung's, welcher bei einer Wurzelkropfrübe in den Ritzen der Kropfwülste schleimige Partien von Leuconostoc mesenterioides, von dem bekannten und auch sehr gefürchteten Froschlaichpilz herrührend, gefunden hat.

Nach Saccardo und Mattirolo zeigen die vom Brandpilz (Entyloma leproideum) befallenen Rüben aussen, vornehmlich dort, wo sich die Blätter ansetzen, zahlreiche Wurzelknötchen oder Anschwellungen, welche sich in fortgesetzter Reihe mitunter bis zu einem Drittel der Länge der Wurzeln hinab verfolgen lassen. Die Anschwellungen sind vielfach gelappt auf ihrer Oberfläche, von gelbgrüner, später grauer bis schwärzlicher Farbe, und an den Ansatzstellen gewissermassen gestielt. Schneidet man eine kranke Wurzel durch, so findet man im Innern des Neubildungsgewebes zahlreiche dunkle Flecke, welche bei näherer Betrachtung sich als eigenthümliche, mit rauchbraunen Sporen gefüllte Cysten kundgeben, ausserdem noch Protoplasmakörnchen, Stärke und Mycelrückstände im Inhalte führen. Die Wände einer jeden solchen Cyste sind von einer zarten, geschichteten, zusammenhängenden, stark lichtbrechenden Membran gebildet. Die Membran erreicht eine Dicke

von 9 Mikromillimetern, kann aber bis 15 Mikromillimeter dick werden.
Diese Erscheinung dürfte wohl kaum als „Wurzelkropf" anzusprechen
sein, da sie sich von diesem merklich unterscheidet. Um aber Ver-
wechslungen vorzubeugen, sei auf die Beobachtung von Saccardo und
Mattirolo besonders aufmerksam gemacht.

Bartoš hat ebenfalls gefunden, dass die chemische Zusammensetzung des Wurzelkropfes von jener der Rübenwurzel bedeutend ab-
weicht. Auffallend ist nach ihm gleichfalls der bedeutend geringere
Zuckergehalt des Wurzelkropfes gegenüber dem der Wurzel und eine
bedeutende Abweichung zeigt sich auch in Bezug auf den grossen Aschengehalt des Auswuchses, wobei die Kalisalze in weit grösserem Masse
vertreten sind, als in der Wurzel. Dagegen hat es aber den Anschein,
als ob die Zusammensetzung der Asche der Wurzelkropfrüben von jener der
normalen Rüben nicht abweichen würde. In Bezug auf die optisch-
activen Bestandtheile des Wurzelkropfes ist Bartoš der Ansicht, dass der
Auswuchs eine grössere Menge rechtsdrehende Nichtzucker enthält,
deren chemischer Charakter noch nicht näher studirt ist.

Bartoš hat von einer mit Wurzelkropf behafteten Rübe vollkommen gesunden und gut keimenden Samen erhalten und ist die
Vererblichkeit der Abnormität nach seinen Versuchen noch nicht zum
Vorschein gekommen. In Berücksichtigung der Versuche, ferner des
Umstandes wegen, dass die Wurzelkropfrübe auf gewissen Böden
häufiger als auf anderen vorkommt, dürfte nach Bartoš' Ansicht die
Ursache der Kropfbildung nicht in der Rübe, sondern vielmehr in
ihrer Umgebung zu suchen sein. Der Wurzelkropf nähert sich in seiner
chemischen Zusammensetzung am meisten dem Wurzelkopf und in
diesem Umstande glaubt Bartoš noch am ehesten die Erklärung für
die Bedeutung des Wurzelkropfes zu suchen, soweit dieselbe überhaupt
von irgend einer Bedeutung für das Leben der Rübenpflanzen ist. Die
Reservestoffe der Rübe und die organischen und anorganischen Stoffe
der absterbenden Blätter sammeln sich im Wurzelkopf an, und es
dürfte die Rübe unter gewissen Umständen für diese Stoffe vielleicht
wegen Raummangel in der eigenen Wurzel oder auch aus einem
anderen Grunde besondere Lagerstätten bilden. Der Auswuchs beeinflusst die Vertheilung der einzelnen Hauptbestandtheile in keiner Weise;
bemerkenswerth ist nur die Erscheinung, dass die zuckerreichste
Stelle bedeutend tiefer liegt, als es bei reifen Rüben zu sein pflegt.

Die weiter geäusserte Ansicht Bartoš', die Wurzelköpfe hätten
eine gewisse physiologische Function für das folgende Vegetationsjahr
der Rübe, wird von Stoklasa zurückgewiesen.

Stoklasa unterscheidet nach seinen Forschungen zwei Gattungen
von Wurzelköpfen: 1. Die Bindeköpfe, deren Verbindung mit der

Wurzel nur durch ein dünnes Gewebe auf dem oberen (beim Wurzelkropf) oder mittleren (kommt seltener vor) Wurzeltheile vermittelt
wird, und 2. die organoiden Auswüchse, welche durch ein mächtiges
Teratom auch selbst ein schwaches Wurzelende umfassen. Diese findet
man auf dem unteren Wurzeltheile. Die erste Wurzelkropfgattung
ist ziemlich verbreitet, während die zweite nur sporadisch vorkommt.
Nur die echten Wurzelkröpfe nehmen rasch zu, während die kleinen
Auswüchse in der Grösse einer Erbse oder Haselnuss, welche durch
die Wirkung des Parasiten Heterodera radicicola entstehen, niemals
einen bedeutenderen Umfang erreichen. Hier geht nun Stoklasa zu
weit, denn diese kleinen Auswüchse wird man füglich nicht als
„Wurzelkropf" ansprechen oder ansehen dürfen, da sie gar nicht das
charakteristische Merkmal dieser Missbildung besitzen.

Stoklasa ist ferner der Ansicht, dass der parasitische Ursprung der
Wurzelkropfbildung der Wahrheit am nächsten komme, was er allerdings bisher noch nicht experimentell nachgewiesen hat. Er stützt sich
nur darauf, dass ein grosser Theil solcher Auswüchse bei anderen
Pflanzen auf diese Weise entsteht. Nach seiner Ansicht sind es gewisse Species von Tylenchus, welche durch Ausscheidung gewisser
Gattungen von Enzymen das Zellengewebe zu einer starken Production
neuer lebender Molecüle reizen und hiedurch die Bildung des Wurzelkropfes verursachen. Da aber Stoklasa den experimentellen Nachweis noch nicht erbringen konnte, so theilt er diese Ansicht nur mit
Vorbehalt mit.

Ich kann die Ansicht Stoklasa's nach meinen bisherigen Untersuchungen nicht theilen, nachdem ich Gelegenheit hatte, die ver-
schiedenste Wurzelkropfbildung in den verschiedensten Formen seit
einer Reihe von Jahren zu untersuchen. Es ist mir nun niemals gelungen, Tylenchen zu finden, so dass die Ansicht thatsächlich mit
Reserve aufzunehmen ist.

Bezüglich der chemischen Untersuchungen Stoklasa's sei hervorgehoben, dass bei der Wurzelkropfbildung auf Kosten der Saccharose
Hemicellulose, Cellulose, Lignocellulose u. s. w. entstehen, also solche
Kohlenhydrate, welche zum Bau der Grundgewebe der Neubildung —
also des Auswuchses — nöthig sind. Während das lebende Protoplasma
der Wurzel die Energie besitzt, einer Infection vorzubeugen, so lange
nicht ein zu grosser Theil des Wurzelorganismus beschädigt ist,
verhält sich aber die Sache beim Wurzelkropf ganz anders, nachdem
hier eine jede geringe mechanische oder durch Parasiten herbeigeführte
Verletzung eine schnelle Zersetzung der ganzen Materie zur Folge
hat. So hat Stoklasa Wurzelkröpfe untersucht, welche bereits im
Stadium der Zersetzung begriffen waren und überhaupt keine Saccharose

mehr enthielten — ein Fall, der mir bis jetzt leider noch nicht vorgekommen ist und zeigt, wie sehr verschieden sich diese Krankheit äussert. Schliesslich hat Stoklasa noch gefunden, dass eine geringe Menge des Extractes von in Zersetzung begriffenen, unactive Bacterien enthaltenden, Wurzelkröpfen eine sehr rasche Inversion der Saccharose verursacht.

In jüngster Zeit ist nun von Bubák eine Arbeit erschienen, in welcher dieser Forscher die Entstehung des Wurzelkropfes dem Auftreten von Milben zuschreibt und daher mit Stoklasa der Ansicht ist, dass diese Missbildung durch Organismen aus dem Reiche der thierischen Lebewesen verursacht wird. Bubák hat eine grosse Anzahl von Rübenkröpfen untersucht und in allen untersuchten Kröpfen Milben gefunden. Nach den Untersuchungen Trouessart's in Paris heisst die Milbe Histiostoma Feroniarum. Bubák schliesst aus seinen Untersuchungen, dass die Milben nur in gesunden Geweben des Kropfes leben, dass sie in der Wurzel, von welcher der Kropf herstammt, und in gesunden Rüben nicht vorkommen, aus Kröpfen, die sich in Zersetzung befinden, und in durch Mikroorganismen inficirten Kröpfen zugrunde gehen. Aus diesen Erscheinungen möchte er schliessen, dass die Milben die Kröpfe verursachen, wofür übrigens, seiner Meinung nach, auch noch andere Umstände sprechen.

Zunächst ist es die eigenthümliche Form des Kropfes, welche, mit dem analogen Aussehen anderer durch Lebewesen verursachter Auswüchse verglichen, die Annahme unterstützt, dass die Milben ihn hervorgerufen haben. Der Kropf ist nicht einheitlich, sondern setzt sich aus einer Menge Kröpfe von verschiedenen Grössen zusammen, die zeitlich nach und nach entstanden sind, u. zw. so, dass auf dem ursprünglichen Kropfe kleinere Kröpfchen entstanden sind, diese sich vergrösserten und auf ihnen sich wieder neue Kröpfchen bildeten, welcher Vorgang sich einigemale wiederholte.

Bubák fand, wie hervorgehoben, dass die Milben mit Vorliebe nur die Kropfmasse aufsuchten, auf die gesunde Wurzel hingegen nicht überkrochen, und scheint somit, dass die Kropfsubstanz gewisse besondere Eigenschaften hat, welche sie bei den Milben so beliebt macht. Daraus ist „leicht" die Entstehung neuer Kröpfchen auf den bereits gebildeten Kröpfen durch eine neue Invasion zu erklären. Auch die chemische Zusammensetzung spricht nach Bubák zu Gunsten seiner Ansicht. Die Kröpfe enthalten, wie bereits früher hervorgehoben, weniger Saccharose als ihre Mutterwurzeln und diese Zuckerabnahme ist nach Bubák zum grossen Theil den Milben zuzuschreiben, die vom Zucker im Kropf leben und zehren. Strohmer und Stift haben ferner (siehe Seite 87) in Wurzelkröpfen reducirende Substanzen (Invertzucker) gefunden. Die Entstehung dieser Substanzen kann nicht durch die Milben bewirkt werden, nachdem die Thiere, sobald sich der Kropf zersetzt und sich reducirende Substanzen bilden, aus den inficirten Stellen haufenweise herauskriechen. Bubák ist daher der Ansicht, dass ein gesunder, eben aus der Erde herausgezogener Kropf keinen Invertzucker enthält, was, wie er aber selbst zugibt, erst durch die chemische Analyse sichergestellt werden muss. Eine Einwendung, dass die Mutterwurzeln der Kröpfe von gesunder Rübe keinen Invertzucker enthielten, kann dadurch widerlegt werden, dass die Kropfmaterie pathologischen Ursprungs ist, und dass sie niemals so viel Energie hat, sich der Inversion der Mikroorganismen zu erwehren, wie die normale, lebendige und für das künftige Wachsthum der Rübe so wichtige Wurzel. Diese unterliegt allerdings auch manchmal, namentlich unter ungünstigen Verhältnissen, aber erst bedeutend später dem Verderben. Mit alledem ist auch die Erscheinung im Einklang, dass eine im Frühjahr in den Boden versetzte, mit einem Kropfe behaftete Rübe erhalten bleibt, während der Kropf rasch abfault. Solche Rübe trägt ganz normalen und gesunden Samen. Nach Strohmer und Stift enthalten auch die Kröpfe weit mehr stickstoffhaltige Substanzen als die mit ihnen zusammenhängenden Wurzeln; obzwar dieser Mehrgehalt an Stickstoff in der Trockensubstanz der Wurzelkröpfe hinlänglich in dem Ausfall der zerstörten Saccharose seine Erklärung findet, dürfte derselbe vielleicht auch, wie Bubák glaubt, zum Theil auf Rechnung der mit dem Kropfe mit analysirten Milben zu setzen sein.

Die Ansichten Bubák's sind wohl überraschender Natur, denn wenn auch die Entstehung kleiner Wurzelkröpfe durch die Invasion von Milben einzusehen ist, so ist schwer zu denken, dass Auswüchse, die oft 1½ kg schwer werden, durch die Thätigkeit dieser Lebewesen, notabene in der so kurzen Vegetationszeit, entstehen sollten. Jedenfalls wären die Vorgänge, die zu dieser enormen Missbildung führten, ganz merkwürdiger Art und wird es von Interesse sein, die weiteren Studien Bubák's in dieser Richtung hin abzuwarten.

Wir sehen also, dass die Ansichten über die Entstehung des Wurzelkropfes sehr verschiedener Natur sind und darüber die Forschung noch keineswegs einig ist. Auch die Ansicht Bubák's dürfte sehr getheilte Aufnahme finden.

Mit dem Wurzelkropf nicht zu verwechseln sind, wie bereits früher hervorgehoben, die hie und da auf Zuckerrüben vorkommenden Anschwellungen, resp. knolligen Auswüchse bis zur Haselnussgrösse, welche durch die Thätigkeit einer Nematodengattung — Heterodera radicicola (Knöllchen-Nematode) — entstehen und entweder durch den Reiz, welchen die Würmer in dem Gewebe ausüben oder vielmehr durch giftige Ausscheidungen, welche das wachsende Wurzelgewebe zur Umbildung anspornten, hervorgerufen werden. Stoklasa hat diese kleinen Auswüchse auch auf einer Wurzelkropfrübe gefunden, u. zw. noch ganz frisch und wohlerhalten zu einer Zeit, wo der grosse Kropf schon ganz schwarz und saccharosefrei war.

Feststehend ist, dass vom Standpunkte der Zuckerfabrication die Wurzelkropfrüben ein minderwerthigeres Fabricationsmaterial darstellen, indem durch diese Krankheit nicht nur der procentische Wassergehalt herabgedrückt wird, sondern auch durch die vermehrte Nichtzuckeraufnahme die Reinheit des Saftes und hiemit die Fabricationsausbeute eine Schädigung erleiden muss.

Zum Glück tritt aber diese Missbildung doch nur vereinzelt auf, so dass auch in der Zukunft keine Befürchtungen ernsterer Natur zu hegen sind.

4. Die Bekämpfung der Krankheit.

Zur Bekämpfung lässt sich wohl, nach dem gegenwärtigen Standpunkte der Sachlage, kein Mittel angeben. Die Meinungen über die Entstehung des Wurzelkropfes sind sehr getheilt, und nach dem ganzen Wesen dieser Erscheinung dürften sich daher durchgreifende Bekämpfungsmassregeln kaum finden lassen.

IX. Der Rübenrost (Uromyces Betae Tul.).
(Tafel XII.)
1. Aussehen und Verlauf der Krankheit.

Auf den erwachsenen Blättern der Zucker- und Futterrüben erscheinen im Spätsommer, manchesmal aber auch schon Ende Juni, kleine runde, rostrothe Flecken oder Staubhäufchen, welche deutlich aus dem Blatte durch die Oberhaut herausbrechen. Diese Flecken finden sich gewöhnlich nicht nur auf den Blättern der einjährigen Pflanzen, sondern sind auch auf den Blättern der Samenträger zu bemerken. Ihre Anzahl ist oft sehr verschieden; in manchen Jahren tritt die Krankheit nur sehr gelinde auf, so dass man nur wenige Flecken findet und das Blatt im Uebrigen ganz frisch erscheint. In solchen Fällen ist die Krankheit vollständig ungefährlich, die Rüben entwickeln sich in gedeihlicher Weise und liefern normale Ernten. Wenn dagegen aber diese Rosthäufchen in grosser Anzahl auftreten und die Blattoberfläche mit denselben wie besäet erscheint, dann kann die Krankheit unter Umständen doch einen bedrohlichen Charakter annehmen, nachdem die Blätter vorzeitig gelb werden, abwelken und durch den Verlust der Blätter eine Ertragsverminderung der Rüben-ernte herbeigeführt wird. Frank berichtet von einem Fall, wo im September nicht nur die erwachsenen Blätter durch den Rost ver-dorbeh wurden, sondern wo der Pilz sogar schon die Herzblätter. in-ficirt hatte und diese abstarben und so das ganze Herz schwarz wurde, wodurch die Krankheit der Herzfäule ähnlich war. Durch die Unter-suchung wurden aber die echten Herzfäulepilze nicht gefunden, sondern es wurde vielmehr auch in den kranken Herzblättern das charakteristische Rostpilzmycelium nachgewiesen. Der Pilz hatte zwar auf diesen ganz jungen Blättern seine rostfarbenen Sporenhäufchen nicht gebildet — denn dies geschieht überhaupt bei den Rostpilzen nicht auf jugendlichen Pflanzentheilen — aber sein Mycelium hatte er doch schon in diesen zarten Blättern ausgebreitet und sie dadurch ge-tödtet, denn die Fäden des dort vorhandenen Myceliums wuchsen, wie es das Rübenrost-Mycelium immer thut, ausschliesslich zwischen den Zellen, nicht in dieselben hinein und durch sie hindurch, wie bei Phoma Betae. Die Rüben waren in dem hervorgehobenen Falle klein geblieben.

Im Allgemeinen muss aber hervorgehoben werden, dass der Rübenrost zu den gutartigen Rübenkrankheiten gehört und grösseren Schaden höchst selten verursacht.

2. Die Ausbreitung der Krankheit.

Der Rübenrost ist eine Krankheit, die man jedes Jahr trifft und es wird wenig Rübenfelder geben, auf welchen man dieselbe nicht vereinzelt vorfindet. Die Verbreitung ist daher unzweifelhaft eine grosse, immerhin ist aber der Schaden, wie bereits hervorgehoben, nur ein geringer. Selbst bei grösserem Auftreten der Krankheit be-merken die Berichte, dass der Schaden nur ein unbedeutender war; nur im Jahre 1895 wollte man in manchen Gegenden Deutschlands den durch den Rübenrost hervorgerufenen Schaden auf 5 bis 25% schätzen. Vielleicht haben hier andere Umstände mit eine Rolle gespielt, denn ich hatte Gelegenheit, den Rübenrost auf Zuckerrüben, besonders aber auf Futterrüben durch einige Jahre hindurch zu beobachten und fand, selbst wenn die Blätter dicht mit Rosthäufchen besetzt waren, dass der eigentliche Schaden nur ein geringer blieb und niemals 5% überstieg.

3. Die Entstehung der Krankheit.

Der Rübenrost gehört zu den schon lange bekannten und genau bezeichneten Rübenkrankheiten, nachdem über das Auftreten und die Entstehung desselben bereits in den Fünfziger-Jahren von J. Kühn berichtet wurde. Die Ursache ist ein Schmarotzer aus der Abtheilung der Rostpilze, der jedoch ein specifischer Pilz der Rübe und auf diese Pflanze beschränkt ist, nämlich der Rostpilz, Uromyces Betae Tul. Die rostrothen Staubhäufchen, welche der Krankheit ihr charakteristisches Aussehen verleihen, sind die Sommersporen oder Uredosporen des Pilzes; dieselben werden von dem im Blatt wuchernden Mycelium an verschiedenen Stellen unter der Epidermis abgegliedert, welche dann über diesen Sporen aufplatzt, wodurch dieselben durch Wind, Regen oder andere Umstände leicht auf andere Blätter, selbst in weiterer Entfernung, verbreitet werden können. Dort keimen sie rasch und entwickeln sich zu einem neuen Mycelium. Auf den Sommersporenzustand folgt nach Frank das Stadium der Wintersporen oder Teleutosporen. Diese zweite Sporenform wird in besonderen Häufchen von dunkelbrauner Farbe, welche Häufchen sich besonders an den Stielen der rostigen Blätter, beziehungsweise an den Stengeln der Samenträger zeigen, erzeugt. Diese Sporen bleiben auf den befallenen Pflanzentheilen sitzen, überdauern den Winter im Ruhezustand und werden erst im folgenden Frühjahr keimfähig. Sie bilden dann nach Frank ein ganz ähnliches Promycelium mit Sporidien, wie es bei den gleichnamigen Sporen des Getreiderostes der Fall ist. Kühn, der die Entwicklung dieses Pilzes genau verfolgte, fand, dass diese Sporidien, wenn sie auf frische Rübenblätter gelangen, keimen und dass aus ihren in das Blatt eindringenden Keimschläuchen sich in demselben der Aecidiumzustand des Rostpilzes entwickelt. Zum Unterschied vom Getreiderostpilz wird das Aecidium des Rübenrostes auf der Rübe und keiner anderen Nährpflanze gebildet. Diese Aecidien sind nach der Beschreibung von Frank orangegelbe Polsterchen, auf denen die vielen sehr kleinen, kelchartigen, oben geöffneten Sporenbehälter stehen, welche zahlreiche rundlicheckige Sporen reihenförmig gestellt in sich bergen und zuletzt ausschütten. Dieser Aecidienzustand ist also die erste Generation des Pilzes, welche sich im Frühjahr auf den Rübenblättern bildet und welche nun erst zum Erzeuger des eigentlichen, etwas später erscheinenden Rübenrostes wird. Die Aecidiumsporen können, wenn sie auf Rübenblättern keimen, ihre Keimschläuche durch die Spaltöffnungen in die Blätter eindringen lassen und erzeugen dann wieder das Rostpilzmycelium mit der Sommersporenform, womit der Entwicklungskreislauf des Pilzes von Neuem beginnt.

4. Die Bekämpfung der Krankheit.

Wie aus der Entwicklungsgeschichte des Pilzes hervorgeht, so sind die befallenen Theile der Rübe so gut als möglich vom Felde zu entfernen und zu vernichten; dies gilt auch von den erkrankten Blättern der Samenrüben, die gleichfalls sorgfältig zu beseitigen sind. Ob ein Bespritzen der Blätter mit einer 2%igen Kupferkalkbrühe eventuell den Ausbruch verhindert, ist noch unbekannt. Empfohlen wurde auch das Bespritzen der Blätter vom Juni bis August mit einer Flüssigkeit, bestehend aus 50 Theilen Nitrobenzol, 150 Theilen Amylalkohol und 100 Theilen Kaliseife, letztere mit der 15 fachen Menge Wasser verdünnt. Ob diese schon complicirter zusammengesetzte Flüssigkeit irgend welchen Erfolg brachte, ist ebenfalls nicht bekannt. Im Allgemeinen wird man jedoch zum Glück bei der vorliegenden Krankheit keiner besonderen Gegenmittel bedürfen, so dass ein aufmerksames Durchgehen bei stärkerem Auftreten und Entfernen der kranken Blätter genügen dürfte.

X. Die Blattfleckenkrankheit der Zuckerrübe (Cercospora beticola Sacc.).

(Tafeln XIII und XIV.)

1. Aussehen und Verlauf der Krankheit.

Manchmal bei früher Bestellzeit, dann schon im Juni, hauptsächlich aber im Sommer treten auf den Blättern mehr oder weniger kreisrunde oder elliptische oder auch unregelmässig geformte, sowohl auf der Oberseite, wie auch auf der Unterseite, sichtbare Flecke hervor. Die Grösse dieser Flecken ist eine verschiedene, zumeist findet man solche mit einem Durchmesser von 1, 2 bis 3 mm; grössere Flecke sind selten und habe ich solche zumeist nur bei Futterrübenblättern, niemals aber bei Zuckerrübenblättern beobachtet.

Die Flecken zeigen auf der Oberseite ein mattes bräunliches Weissgrau, welche Farbe auf der Unterseite in ein helles Aschgrau übergeht. Ganz charakteristisch ist es ferner, dass die Flecken auf jeder Seite von einem verhältnissmässig schmalen olivenbräunlichen oder bräunlich-purpurrothen Saum eingefasst sind. Die aschgraue Färbung der Flecken an der Blattunterseite ist durch die Anwesenheit zahlreicher Sporen bedingt, welche dort einen dichten, staubförmigen Ueberzug bilden. Das Mycelium des Pilzes besteht aus ziemlich langen, entweder farblosen oder schwach bräunlich tingirten Fäden, welche die Blattzellen durchdringen, dieselben zerstören und tödten. Da die Fäden auch die Wandungen durchdringen, so entstehen die Flecken, welche die todten Blattzellen repräsentiren. Die daran angrenzenden Zellen des lebenden Blattgewebes bilden in ihrem

Zellsaft einen rothen Farbstoff, durch welchen der Saum charakteristisch gefärbt wird.

Nach der Beobachtung von Frank tritt die Krankheit auf jüngeren Blättern niemals auf, was ich ebenfalls durch jahrelange Beobachtung bestätigt gefunden habe. Ich konnte diese Krankheit einige Jahre auch auf Futterrübenblättern in ihrer verschiedensten Entwicklung beobachten und fand ich die jungen Blätter immer frei von diesem Pilz. Dagegen gelingt es aber ganz leicht, und ich habe dies wiederholt gemacht, künstlich die Krankheit durch Infection mit Cercospora-Conidien hervorzurufen, eine Erscheinung, die auch Frank hervorhebt. Ein derartig inficirtes junges Blatt ist auf Tafel XIII abgebildet und sieht man hier schon die ganze charakteristische Ausbildung der Erscheinungen, die der Pilz hervorbringt.

Das Mycelium des Pilzes (und dies hat er mit anderen ähnlichen blattfleckenerzeugenden Schmarotzerpilzen gemein) verbreitet sich im Blatt nicht weit über die Infectionsstelle hinaus, sondern bleibt also auf einen verhältnissmässig kleinen Raum beschränkt. Zwischen den Flecken liegt das grüne Blattgewebe, welches in keiner Weise angegriffen wird und vollständig gesund bleibt. Höchstens nimmt das Grün eine fahlere Färbung an. Auf Tafel XIII ist ein Rübenblatt abgebildet, welches die Krankheit mit ihren charakteristischen Blattflecken und in vollster Entwicklung zeigt.

Sobald sich die Krankheit bemerkbar macht, und zwar unter gewöhnlichen Verhältnissen Ende Juni bis Juli, sind die Flecken zu dieser Zeit noch klein und vereinzelt, und in dem Falle, als die Krankheit keine weiteren Fortschritte macht, stirbt das Blatt nicht ab. Die Krankheit tritt jedoch unter Umständen auch in der Weise auf, dass die Blätter vollständig trocken werden, sich braun und schwarz verfärben und dann vorzeitig absterben. Ein derartiges abgestorbenes Blatt ist auf Tafel XIV abgebildet. Bei einem solchen extremen Auftreten der Krankheit können die Rüben bis anfangs October den zweiten Theil ihrer erwachsenen Blätter verloren haben, wodurch die normale Entwicklung der Rübenwurzel gestört wird. Nach den Beobachtungen von Frank bleibt dadurch das Rübengewicht zurück, weniger dagegen der Zuckergehalt. Er fand im Herbst Rübengewichte von 349 g mit 14·86%, von 490 g mit 16·25%, von 621 g mit 14·81% und 774 g mit 13·87% Zucker. Stoklasa hat hingegen wieder eine Zuckerverminderung gefunden, u. zw. zeigten normale Rüben einen Zuckergehalt von 13·3%, Rüben mit pilzkranken Blättern von demselben Felde nur 10·7%. In diesem Falle muss die Krankheit schon einen ganz bedeutenden Umfang erreicht haben, denn eine derartige Zuckerverminderung konnte ich bis jetzt nicht finden. Anfangs

7

October vorigen Jahres untersuchte ich drei Rüben aus Frankreich, welche von dem gleichen Felde entstammten und von welchen die Blätter zweier Rüben ausserordentlich von der Krankheit angegriffen waren, während die Blätter der dritten Rübe vollständig gesund blieben. Die kranken Rüben wogen 502, resp. 515 g und wiesen einen Zuckergehalt von 16·9, resp, 16·1 % auf.

Die gesunde Rübe wog 580 g und zeigte einen Zuckergehalt von 17·3 %. Die Rüben waren also überhaupt kleiner geblieben, doch selbst die kranken Exemplare zeigten einen hohen Zuckergehalt, der gegenüber dem der gesunden Rübe nicht wesentlich zurückblieb.

Es ist natürlich nicht ausgeschlossen, dass die Krankheit unter Umständen einen gefährlichen Charakter annehmen kann, denn dafür sprechen die Beobachtungen Frank's und Stocklasa's, doch dürfte sie im Allgemeinen zu den gutartigeren Blattkrankheiten zu rechnen sein. Jedenfalls ist aber Vorsicht immer am Platz, denn es sind Fälle genug bekannt, wo sich ausgesprochen gutartige Krankheiten auf einmal in anderer Weise zeigten und dann bedeutenden Schaden verursachten.

2. Die Ausbreitung der Krankheit.

Die Krankheit zeigt sich alle Jahre in grösserem oder geringerem Umfange, doch liegen über den Umfang der Ausbreitung besondere Mittheilungen nicht vor. Ich habe sie eine Reihe von Jahren, besonders auf Futterrüben, beobachten können, u. zw. manchmal in einer Ausdehnung, dass beinahe alle Blätter des Feldes davon ergriffen waren. Der Schaden war jedoch, wie ich in Erfahrung bringen konnte, kein nennenswerther. Eine derartige Verbreitung auf Zuckerrüben wäre wohl etwas bedenklicher gewesen.

3. Die Entstehung der Krankheit.

Mit dieser Krankheit hat sich zuerst in eingehender Weise v. Thümen beschäftigt und fand er, dass der für diese Blattfleckenkrankheit charakteristische Pilz zu der Species Cercospora beticola Sacc. gehört. Nach den Untersuchungen v. Thümen's ist die Fortpflanzung des Pilzes eine sehr einfache. Die vom Sporenträger als ganz ausgereift sich abschnürende Spore gelangt durch verschiedene atmosphärische Einflüsse auf das Rübenblatt und bildet sich in Kürze an ihrem Ende eine kleine Verlängerung, welche sich in eine der Spaltöffnungen des Blattes einzwängt und eindrängt und hier schnell zu dem Keimschlauch anwächst. Aus diesem Keimschlauch bildet sich ein Faden, aus dem Faden entstehen mehrere, und so bildet sich im Kreislauf abermals ein Mycelium, aus welchem sich wieder Sporenträger erheben, die Sporen bilden und abschnüren u. s. w.

Das Mycelium des Pilzes durchdringt, wie bereits hervorgehoben, die Blattzellen, unter Zerstörung und Abtödtung derselben, wodurch die Flecken entstehen. Die Mycelfäden beginnen die Epidermis jedoch ausschliesslich nur auf der unteren Blattspreite zu durchbrechen und senden sie dann kurze, cylindrische, einfache Sporenträger hervor. Aus diesen bilden sich nach kurzer Zeit die Sporen. Da die befallenen Blätter bald absterben und abfallen, so gelangen die ausgereiften, keimfähigen Sporen in den Boden und sind hier die Ursache, dass nach wiederholtem Rübenbau die Krankheit im nächsten Jahre wieder auftritt.

Ob der Pilz noch einen besonderen Ueberwinterungszustand bildet, aus dem er im nächsten Sommer wieder entsteht, ist nach Frank noch unbekannt.

Der Pilz bewohnt, wie Frank gefunden hat, nicht nur die Blätter, sondern auch andere oberirdische Theile der Rübenpflanze und, was besonders wichtig ist, auch die Stengel der Samenträger; man findet ihn sogar nicht selten auch auf den Samenknäueln. Es ist nun unzweifelhaft, dass auf solchen Rübensamen sich die Cercospora, sobald diese Samen trocken sind und trocken aufbewahrt werden, bis zum nächsten Jahr erhalten kann. Es liegt daher die Annahme sehr nahe, dass durch den Samen der Pilz und die Krankheit auf die neuen Rübenpflanzen übertragen werden können, umsomehr als der Pilz seine Entwicklungsfähigkeit den Winter über bis zur Zeit des Aussäens der Samen beibehält.

Kudelka hat eine eigenthümliche Prädisposition der Zuckerrübe zu dieser Blattkrankheit beobachtet, indem er nämlich bemerkte, dass von 14 verschiedenen Rübensorten eine dieser Sorten in besonders starker Weise durch Cercospora beticola Sacc. befallen wurde, während bei den anderen Sorten diese Krankheit keinen merkbaren Schaden verursacht hatte. Die eine Sorte war also zu dieser Krankheit mehr prädisponirt als die anderen. Der Züchter dieser Sorte theilte nun mit, dass sie nicht in gewöhnlicher Weise entstand. Er wollte nämlich die zuckerreiche Sorte Vilmorin blanche améliorée ertragreicher machen und befestigte zu diesem Zwecke den Kopf der Vilmorinrübe immer auf einer entsprechend geköpften Klein-Wanzlebener Rübe und steckte sie so aus, wobei er dachte, dass die stärkere Klein-Wanzlebener Rübe als Amme der Vilmorinrübe den Ertrag der letzteren in der Nachkommenschaft heben würde. Es fragt sich nun, wie die Ernährung der Sprossen des Vilmorinkopfes, der auf einer entsprechend geköpften Klein-Wanzlebener Rübe befestigt wurde, beschaffen war. Nimmt man die günstigsten Bedingungen an, infolge deren das ganze Gewebe des Kopfes mit dem der Unterlage gut verwachsen war,

7*

so trafen die Gefässbündel des Kopfes nur selten auf die Gefässbündel der Unterlagen, infolge dessen war die Zuführung von Wasser zu den Sprossanlagen, ebenso wie auch die Saftleitung in diesen, wie oben erwähnten zubereiteten Rüben eine viel schwächere, mithin auch die Ernährung der Sprossen des Vilmorinkopfes, von denen auch nicht der geringste Theil entfernt war, viel schwächer als bei normalen Samenrüben. Diese geschwächte Ernährung der Sprossen und des auf ihnen sich entwickelten Samens infolge des beschriebenen Eingriffes war sicherlich die Ursache der besonderen Prädisposition zu der Blattfleckenkrankheit in der Nachkommenschaft.

Es soll daher jeder Züchter bedacht sein, seine Zucht zu stärken, ehe er sie auf den Markt bringt.

Hervorgehoben sei noch, dass die durch den Pilz Fusarium Betae Rabenh. hervorgerufene Blattkrankheit eine gewisse Aehnlichkeit mit der durch Cercospora beticola Sacc. erzeugten Blattkrankheit hat. Ersterer Pilz bildet nämlich auf zahlreichen, kleinen, nussfarbigen, rothgesäumten Flecken der Runkelrübenblätter dunkle Polsterchen von kurzen, sporenabschnürenden Fäden mit sehr langen stabförmigen oder verkehrt beulenförmigen, farblosen Sporen mit mehreren Querscheidewänden.

Nicht zu verwechseln sind ferner auf den Blättern entstehende trockene, scharf begrenzte, hellbraune, in der Mitte weisslich gefärbte, von einem braunen Rand umgebene Flecken, welche von den zwei Pilzen Septoria Betae Westd. und Phyllostica Betae Oudem hervorgerufen werden. Die Unterscheidung dieser Pilze ist natürlich Sache des Specialisten.

Eine Blattfleckenkrankheit wird auch durch den Pilz Phoma Betae verursacht, wie im Hauptabschnitt III: „Die Herz- und Trockenfäule", Seite 38, hervorgehoben wurde. Bei dieser Krankheit sehen jedoch die Flecken ganz anders aus, so dass eine Verwechslung mit Cercospora beticola Sacc., wie aus der früheren Beschreibung hervorgeht, kaum möglich erscheint.

4. Die Bekämpfung der Krankheit.

Nach den bisherigen Beobachtungen gewinnt die Krankheit, namentlich in nassen Jahren, eine gewisse Verbreitung. Da die ausgereiften, keimfähigen Samen durch die abfallenden Blätter in den Boden gelangen, so ist es daher anzurathen, so weit dies ohne Schädigung des Wachsthums der Rübe möglich ist, die erkrankten Blätter gründlich zu entfernen. Wenn auch das Abblatten nicht gerade vortheilhaft für die Rübe ist, so ist doch auch wieder der dadurch erwachsende Schaden ein geringer, da das erkrankte Blatt

ohnehin wesentlich in seinen Functionen beeinträchtigt ist, abstirbt,
und daher für die Pflanze nicht mehr von Nutzen sein kann.
Sollte die Krankheit in besorgnisserregender Weise auftreten, so ist
eine angemessene Fruchtfolge angezeigt, in welcher die Rüben erst
nach einigen Jahren auf demselben Felde wiederkehren, in welcher
Zwischenzeit dann die in dem Erdboden befindlichen Sporen ihre
Keimkraft grösstentheils verloren haben werden. Ferner hat man das
Bespritzen mit Kupfervitriolkalkbrühe anempfohlen unter Verwendung
der bekannten Peronosporaspritze oder eigens construirten Wägen.
Ueber die Erfolge ist bis jetzt nichts bekannt geworden.

Da die Keime des Pilzes auch mit dem Rübensamen verschleppt werden können, so empfiehlt Frank die Beizung desselben,
u. zw. kurz vor der Bestellung, wozu sich die Kupfervitriolkalkbrühe
sehr gut bewährt hat. Die Rübenknäule vertragen sehr wohl ein circa
24stündiges Einlegen in eine 2 bis 4%ige Kupfervitriolkalkbrühe
(2 Gewichtstheile Kupfervitriol in 100 Theilen warmen Wassers auf-
gelöst und dann mit einem aus 2 Gewichtstheilen Aetzkalk, nach
Löschen desselben, hergestellten Kalkbrei versetzt und verrührt). Die
aus der Beize genommenen Rübensamen sind mit Wasser abzuwaschen
und dann durch Ausbreiten zu trocknen, da letzteres für das Drillen
des Rübensamens wünschenswerth ist.

Bei einem Düngungsversuche wurden die stark gekalkten
Zuckerrüben am meisten von dem Pilz befallen, nachher die mit
Chilisalpeter gedüngten, dann die ungedüngten und am wenigsten die
mit schwefelsaurem Ammon gedüngten. Die abreifenden Blätter
nahmen den Pilz am schnellsten an.

XI. Der falsche Mehlthau oder die Kräuselkrankheit der Blätter oder die Herzblattkrankheit. (Peronospora Schachtii Fuckel.)

(Tafel XI.)

1. Aussehen und Verlauf der Krankheit.

Die Krankheit, welche im Mai oder Juni auftritt, sobald die Rüben
ins Kraut schiessen, hat ihren Sitz auf den jungen Blättern, den sogenannten Herzblättern, welche ein blassgelbes Aussehen annehmen,
gekräuselte Oberfläche und nach unten eingeschlagene Blattränder
erhalten. Gleichzeitig pflegen sich die älteren, äusseren, gesund ver-
bliebenen Blätter aus ihrer aufrechtstehenden Lage in eine flach

auf die Erde gebreitete, rosettenartige Lage zu begeben. Auch Rübensamenpflanzen werden von der Krankheit befallen und befindet sich
ihr Sitz hier zumeist an der Spitze der Samentriebe, welche nicht
länger als 10 bis 20 *cm* werden, zwar eine vollkommene Samenähre
ansetzen, es aber nicht zu weiteren Ausbildungen bringen können. Die
basalen Theile pflegen dabei immer gesund zu sein. Die befallenen
Theile besitzen eine fahle, bleichgrüne, auch bleigraue Farbe. Die
inneren, jüngeren Blätter sind meist in ihrer ganzen Ausdehnung derart missgefärbt, während die äusseren älteren Blätter nur fleckenweise
die Krankheitserscheinung erkennen lassen und dabei eigenthümlich
wellenförmig gekraust erscheinen. Die jüngeren Herzblätter sind nach
allen Richtungen hin verbogen und gekrümmt, dick aufgetrieben und
von brüchiger Beschaffenheit und zeigen einen schimmelartigen bleifar-
bigen Ueberzug, welcher sich auch an der Unterseite der älteren Blätter,
correspondirend mit den missfarbigen Flecken der Oberseite, findet.

Die Blätter verkümmern schliesslich und fallen ab. Damit erscheint
auch die Krankheit in vielen Fällen als beendigt, denn neue Blätter
gehen aus dem Herzen der Rübe hervor, immer sogar in vermehrter
Zahl, doch werden diese Blätter nur schmal und glatt und erreichen
selten die Form und die Grösse von gesunden Blättern. Eine derartige Ausheilung tritt aber nicht immer ein, es setzt die Krankheit
nicht unhäufig ihr Zerstörungswerk weiter fort, indem sie auf den
Kopf der Rübe, von hier in das Fleisch übergeht und dasselbe zersetzt. Am Rübenkopf treten sodann schwarze, zundrige Massen, offen
zu Tage liegend oder in Löcher und Spalten eingesenkt, auf, eine Erscheinung, welche mit dem Aussehen der Kopf- oder Herzfäule identisch ist,
jedoch mit der echten Herzfäule nichts zu thun hat.

Die jungen zarten Blätter vertrocknen und sterben ziemlich rasch
ab und begünstigt namentlich die feuchte Witterung die Ausbreitung
der Krankheit ungemein, so dass unter Umständen die jungen Rüben-
pflanzungen verloren sein können. Aeltere Pflanzungen werden seltener vernichtet und können sich auch bei einigermassen trockener
Witterung und bei geringem Befall so ziemlich erholen. Die befallenen
Rüben bleiben klein und zuckerarm und die von der Krankheit befallenen Samenrüben treiben keine Blüthenstengel mehr.

Durch die eigenthümlich gekräuselte Form der jungen Blätter
hat die Krankheit auch den Namen „Kräuselkrankheit der
Blätter" erhalten.

Wie aus der Beschreibung der Krankheit zu ersehen ist, tritt
dieselbe nicht nur auf einjährigen Rüben, sondern auch auf Samenrüben auf, wo sie unter Umständen einen gefährlichen Charakter annehmen kann.

2. Die Ausbreitung der Krankheit.

Die Krankheit ist in manchen Jahren in besonders starkem Masse aufgetreten, und war dies nach den Berichten von Hollrung namentlich im Jahre 1894 der Fall, wo sie in der Provinz Sachsen in einer ungewohnt starken Weise um sich gegriffen hat. In den letzten Jahren hat man von einem stärkeren Auftreten der Krankheit wenig gehört und im Jahre 1899 trat sie nur vereinzelt und unbedeutend auf. Im Jahre 1898 schätzte man den Verlust auf Rübensamenfeldern an manchen Orten bis zu 6 %. Gewöhnlich tritt die Krankheit nur verstreut über das Feld auf.

3. Die Entstehung der Krankheit.

Die Krankheit ist schon viele Jahre bekannt und nahm man ursprünglich, d. h. in den Fünfziger-Jahren an, dass sie von Milben verursacht werde. Eingehende Untersuchungen haben aber bald gelehrt, dass die Krankheit durch den Pilz Peronospora Schachtii Fuckel verursacht wird, welcher parasitisch im Pflanzengewebe der Rübenblätter lebt. Die Myceliumfäden des Pilzes sind vielfach verzweigte, aber völlig einzellige Schläuche, das heisst ohne Querwände. Die aus den Spaltöffnungen hervortretenden Sporenträger sind die unmittelbaren Fortsetzungen der Myceliumschläuche. Die Sporen, welche sich auf ihren Zweiglein abschnüren und welche als Conidien bezeichnet werden, keimen, wenn sie auf eine feuchte Unterlage fallen, sehr leicht aus. Im Rübenblatt tritt der Keimschlauch ins Innere desselben, wächst hier zu einem Mycelium heran und das Blatt erkrankt in der oben beschriebenen Weise. Die Conidien sind also die Erzeuger und Verbreiter der Krankheit. Der Conidienträger bildet weit verbreitete, bleigraue Rasen, wodurch die beschriebene charakteristische Färbung entsteht.

Das Vermehrungs- und Verbreitungsoptimum des Pilzes ist in den Monaten mit kühler, feuchter Temperatur zu suchen und scheint während des Sommers die erhöhte Temperatur die Lebensfähigkeit des Pilzes zu beeinflussen. Dies hat Hollrung besonders im Jahre 1895 beobachtet, wo die Krankheit im Laufe des Sommers verschwand und im warmen und trockenen Herbst nur spärlich wieder zum Vorschein kam. Der Pilz tritt nur nesterweise und selten über das ganze Rübenfeld verbreitet auf. Man findet gewöhnlich immer nur ein paar Stück kranker Rüben beisammen, während die Umgebung ganz gesund ist. Bemerkenswerth ist auch, dass der Pilz durch seine Conidienfrüchte in nicht besonderem Masse neue Verseuchungen hervorrufen kann, nachdem von der Krankheit immer nur wenige Exemplare ergriffen werden, die anderen hingegen gesund bleiben. Dass aber eine Infection doch unter Umständen eintreten kann, beweist die Thatsache, dass die Krankheit im Herbst vielfach wieder beobachtet wurde, wozu jedenfalls günstige Witterungsverhältnisse beigetragen haben.

In Bezug auf die Verbreitung des Pilzes herrscht die Ansicht vor, dass durch die zum Samenbau verwendeten Mutterrüben oder Stecklinge die Krankheit auf die Zuckerrübe weiter verbreitet wird; möglicherweise spielt hiebei auch die Rübenrasse eine gewisse Rolle.

Der Pilz kann sich auf den Rübenpflanzen, wie aus seiner Entwicklungsgeschichte hervorgeht, bis zum Herbst erhalten und verbreiten, wo er sich an den Stengeln und Blättern der Samenträger zeigt.

Der Pilz überdauert den Winter in Form des Myceliums im Innern der kurzen Blatttheile, welche an den eingemietheten, zur Samenzucht bestimmten Rüben belassen wurden. Wenn nun die Samenrübe im Frühjahr ausgepflanzt wird und anfängt, junge Blättchen zu treiben, dann wandert das Mycelium in dieselben hinüber und bildet bald den Schimmelrasen. Der Wind, Regen, Thiere etc. besorgen dann die Weiterverbreitung der Sporen.

4. Die Bekämpfung der Krankheit.

In erster Linie ist darauf Bedacht zu nehmen, dass die erkrankten Pflanzen sorgfältig aus dem Boden zu ziehen und zu vernichten sind. Bei Samenrüben sind alle erkrankten Blätter oder Stengel so bald als möglich zu beseitigen. Frank meint, dass man sich, wie immer bei parasitischen Krankheiten, auch fragen solle, ob vielleicht auch noch andere Pflanzen Träger des betreffenden Parasiten sind. Für die Rübenperonospora ist dies freilich nicht erwiesen; aber es kommt auf anderen Chenopodiaceen, nämlich auf dem Spinat und auf den als Unkräutern überall gemeinen Chenopodium-Arten eine Peronospora effusa de Bary vor, von der es wenigstens nicht unmöglich wäre, dass sie mit der auf den Rüben vorkommenden specifisch identisch ist.

Es würde sich daher verlohnen, diese Frage zu prüfen, denn im positiven Falle würde dadurch noch ein anderer Weg der Herkunft und somit auch der Bekämpfung der Krankheit erkannt sein.

Zur Bekämpfung der Krankheit gibt Hollrung folgende Rathschläge:

Man vermeide es, die Stecklinge in unmittelbarer Nachbarschaft, oder, wie es auch geschieht, zur Ausfüllung der Vorgewände von Samenrüben zu bauen; ferner sei man darauf bedacht, die Stecklingsfelder so zu legen, dass der vorherrschende Wind vorerst die Stecklinge und dann die Samenrübenbreite berührt.

Kräuselkranke Rüben, Stecklinge und Theile von Rübensamen-
stauden müssen vom Acker entfernt und verbrannt werden. Rathsam
ist es auch, beim Abernten, bezw. Auspflanzen der Stecklinge und
Mutterrüben eine nochmalige Controle der Köpfe und Absonderung
verdächtiger Exemplare vorzunehmen. Ein sorgfältiges Entfernen des
befallenen Krautes, so lange als der Kopf der Rübe noch intact ist,
also namentlich im Frühjahr und Frühsommer, ist zu empfehlen, da
dadurch die Krankheit von der Rübe entfernt werden kann. Dieses
Mittel ist dort in Betracht zu ziehen, wo eine praktische Durchführung
möglich und mit Vortheil verbunden ist.

Die Haupthandhabe zur Niederhaltung des Mehlthaues befindet
sich nach Hollrung bei denjenigen Landwirthen, welche Rübensamen
bauen, insoferne als eine von dieser Seite in genügendem Masse aus-
geübte, mit rücksichtsloser Ausmerzung aller kopfkranken Stecklinge
verbundene Controle ihres Zuchtmateriales dem ersten Auftreten der
Krankheit auf den Samenrüben und damit dem Uebergreifen auf die
Fabriksrüben vorzubeugen geeignet ist.

Das Bespritzen mit Kupfervitriolkalkbrühe scheint sehr
beachtenswerth zu sein und sprechen namentlich dafür die Versuche
von Aimé Girard. Nach seinen Mittheilungen wurde das Auftreten
des Pilzes in Frankreich im Jahre 1884 beobachtet. Zur Vernichtung wurde
ein Bespritzen der Blätter mit einer Mischung von 3% Kupfervitriol
und 3% Kalk eingeleitet, und dadurch zufriedenstellende Resultate
erzielt. Stark erkrankte Blätter werden reichlich begossen, doch
empfiehlt sich auch eine schwache Besprengung der gesunden Pflanzen,
um ein Ueberhandnehmen des Pilzes hintanzuhalten. Pro Hektar
wurden 5 hl der Flüssigkeit verbraucht und stellten sich die Kosten,
einschliesslich der Arbeit durch einen Mann, auf 14 Francs. Die Besprengung war von den günstigsten Erfolgen begleitet, denn die
Weiterverbreitung der Krankheit hörte sogleich nach der Behandlung auf
und somit trat auch wieder eine normale Weiterentwicklung der Pflanzen
ein. Dem Gewichte nach zeigten die nicht besprengten und besprengten
Pflanzen in ihren einzelnen Theilen (Blätter und Wurzeln) ein bedeutendes
Minus gegenüber den gesund gebliebenen, doch war bei den besprengten
Pflanzen die Differenz eine geringere. Eine Zunahme des Gewichtes
der Wurzel fand nach der Besprengung nicht mehr statt, dafür erhöhte
sich jedoch das Blattgewicht auf das Doppelte, wodurch die Zucker-
zunahme um 1·58% stieg. Allerdings blieben die besprengten Rübenpflanzen gegenüber den gesunden Rüben immer noch im Zuckergehalt
um 1 78% zurück, doch erscheint die Zunahme an Zucker durch die
Besprengung jedenfalls so gross, dass sie die Behandlung mit Kupfer-
lösung reichlich einbringt. Anderseits gestattet die Anwendung des

Verfahrens, gleich nach dem Auftreten des Schmarotzers, die noch nicht befallenen Rüben gänzlich vor der Erkrankung zu bewahren und dadurch einen normalen Zuckergehalt zu erreichen.

Girard empfiehlt für Gegenden, in welchen das Auftreten der Peronospora alljährlich mit Sicherheit zu erwarten ist, ein wiederholtes leichtes Besprengen der Pflanzen mit obiger Flüssigkeit, mit welchem sofort nach Beginn der Vegetation angefangen werden muss.

Von der Praxis wird gegen die Vorschläge Girard's der Einwand erhoben, dass es bei dem so sehr über das ganze Feld verstreuten Auftreten peronosporakranker Rüben zu viel Umstände bereite, jede befallene Rübe zwischen den gesunden herauszusuchen und mit Kupferkalkbrühe zu versehen, eine Bespritzung der gesammten Rüben ohne Wahl aber zu zeitraubend und kostspielig sei. Hollrung hebt nun ganz richtig hervor, dass diese Einwände in einzelnen Fällen zutreffen, wie Jeder aus obiger Beschreibung des Girard'schen Vorschlages auch herausfinden wird, dass man aber diese Einwände hinsichtlich der Stecklingsrüben nicht gelten lassen darf. Für diese kann ohne Rücksicht auf Arbeit und Kosten nur ein Gesichtspunkt in Betracht kommen, nämlich die Erzeugung eines gesunden, möglichst zuckerreichen Zuchtmateriales und zur Erreichung dieses Zieles trägt die Behandlung mit Kupferkalkbrühe ganz entschieden im Bedarfsfalle bei.

Es dürften sich daher weitere Versuche in der von Girard angeregten Richtung empfehlen, umsomehr, als bis jetzt über die Wirkung der Kupfervitriolkalkbrühe nur sehr mangelhafte Erfahrungen vorliegen.

Wie schon bemerkt, sind die aus dem Felde entfernten Rübentheile zu vernichten, resp. zu verbrennen. Ein Verfüttern empfiehlt sich nicht, denn es ist ein Fall bekannt, bei welchem Pferde, welche vom falschen Mehlthau befallene Futterrübenblätter erhielten, daran erkrankten, so dass diese Fütterung eingestellt werden musste.

XII. Die Blattbräune (Sporidesmium putrefaciens Fuckel).

(Tafel XIV.)

1. Aussehen und Verlauf der Krankheit.

Im Spätsommer und im Herbst werden die erwachsenen, dem Absterben verfallenden Blätter stellenweise hellbraun und dann immer dunkler bis schwarz,[1] und zwar geht dieser Process in der

---

[1] Daher auch die Bezeichnung „Die Schwärze der Rübenblätter".

Weise vor sich, dass das Blatt, ohne dass sich besondere Flecken bilden, allmälig seine grüne Farbe verliert. Stellenweise tritt auch ein dunkler Ueberzug auf, welcher den diese Blattbräunung regelmässig begleitenden Pilz darstellt. Auf jungen Blättern und Herzblättern hat man bis jetzt diesen Pilz noch nicht beobachtet, so dass die Erscheinung, die derselbe hervorruft, wie F r a n k hervorhebt, nicht als „Herzfäule" zu bezeichnen ist. Die eigentliche Herzfäule charakterisirt sich auch in ganz anderer Weise, ebenso wie ferner das natürliche Absterben der alten Blätter mit der vorliegenden Erscheinung nichts zu thun hat. Eine Verwechslung mit den durch das Auftreten des Pilzes Cercospora beticola Sacc. zum Absterben gebrachten Blättern ist auch mit der Erscheinung der Blattbräune nicht möglich, weil hier die charakteristischen Flecken fehlen, die bei den erstgenannten trockenen Blättern, wie ein Blick auf Tafel XIV lehrt, deutlich zu ersehen sind.

Die Blattbräune ist also eine bestimmte Krankheit, die durch einen bestimmten Pilz verursacht wird.

2. Die Ausbreitung der Krankheit.

Die Krankheit ist wohl sehr verbreitet und tritt alle Jahre in mehr oder weniger hohem Grade auf. Der Schaden, den sie hervorruft, ist wohl kein bedeutender, was auch natürlich ist, da sie nur auf erwachsenen Blättern, die ohnehin ihre Functionen bereits erfüllt haben und ihrem Absterben entgegengehen, auftritt. Im Jahre 1897 hat man in Deutschland stellenweise, wie behauptet wird, einen Verlust bis zu 25% zuverzeichnen gehabt. Jedenfalls bietet aber die Krankheit keinen Grund zur besonderen Beunruhigung.

3. Die Entstehung der Krankheit.

Der die Krankheit verursachende Pilz wird Sporidesmium putrefaciens Fuckel genannt und zeichnet sich derselbe durch eigenthümliche, unter dem Mikroskop deutlich charakterisirte Sporen aus. Nach F r a n k ist der Pilz kein strenger Parasit, sondern auch Saprophyt, d. h. Bewohner faulender organischer Körper, u. zw. letzteres vielleicht noch mehr als ersteres. Der Umstand, dass der Pilz fast immer nur auf alten, dem Absterben nahen Blättern aufkommt, ist ein deutlicher Fingerzeig, dass er kein strenger Parasit ist und dass daher die in kräftiger Vegetation befindliche Rübenpflanze von ihm wenig zu fürchten hat.

4. Die Bekämpfung der Krankheit.

Besondere Bekämpfungsmassregeln gegen diesen Pilz sind nach dem Hervorgehobenen wohl nicht nothwendig, doch schadet es nicht die befallenen Theile durch Unterpflügen möglichst zu beseitigen, wodurch das Wiedererscheinen des Pilzes eingedämmt wird. Nach F r a n k würde auch die Kupferbeize der Rübensamen gegen die Einschleppung dieses Pilzes durch den Samen etwas nützen, nachdem genannter Forscher auf reifen Rübensamenknäueln nicht selten die Sporidesmium-Sporen gefunden hat.

XIII. Die Gelbfärbung der Zuckerrübenblätter.

(Tafel XV.)

1. Aussehen und Verlauf der Krankheit.

Bei Beginn der Krankheit bedecken sich die Blätter mit unregelmässigen gelbgrünen Flecken, welche sich allmälig verbreiten und schliesslich eine blassgelbe Farbe annehmen; die Pflanze scheint dann chlorotisch zu sein. Das Parenchymgewebe der Blätter verfault sodann und die Oberfläche bedeckt sich mit Schimmelpilzen. Das Gewebe der Blattstiele zersetzt sich ebenfalls unter Braunfärbung; dieselben verlieren ihre Elasticität und brechen schliesslich unter der Schwere der Blätter ab, welche zu Boden fallen. Die Entwicklung der Krankheit ist besonders eine starke und schnelle, wenn auf eine lange Periode der Wärme plötzlich kaltes und feuchtes Wetter folgt. Die Zuckerrüben beginnen zu welken und nehmen nur mehr sehr langsam an Grösse zu.

Die von der Krankheit befallenen Rüben erreichen nach den Untersuchungen von T r o u d e ein geringes Gewicht und weisen einen geringeren Zuckergehalt und mangelhafte Reinheit auf. Nach mehrjährigen Durchschnittsanalysen wurden folgende Zahlen gefunden:

	kranke Rüben:	gesunde Rüben:
Dichte des Saftes	10·62	15·41
Zucker in der Rübe	10·80	13·10
Reinheitsquotient	82	85
Geerntete Menge pro Hektar .	18.000 kg	27.000 kg

Die Production von Zucker pro Hektar betrug 1944 kg bei den kranken und 3537 kg bei den gesunden Rüben, somit die ersteren einen Fehlbetrag von 1593 kg, entsprechend 45 % aufwiesen.

Die Gelbfärbung der Zuckerrübenblätter erscheint nach T r o u d e im Monat Juni nach längerer und intensiverer Trockenheit und breitet sich namentlich in sonnigen Gegenden aus, während sie in Gegenden mit sehr feuchtem, maritimen Klima wenig Verbreitung findet. Die Krankheit tritt am intensivsten auf Thonböden mit undurchlässigem und undrainirtem Untergrunde, sowie auf sehr leichten und wenig tiefgründigen Böden auf, welche mehr als andere zur Trockenheit geneigt sind. Auf denjenigen Rüben, welche sehr grosse Mengen Stickstoffdünger erhalten und sich demgemäss frühzeitig entwickelt haben, erscheint die Krankheit frühzeitiger; dasselbe ist auch auf sehr mageren, wenig fruchtbaren Böden bei Anwendung geringer Mengen Dünger der Fall.

Nach den Beobachtungen von Prillieux und Delacroix entsteht diese Krankheit gewöhnlich in der ersten Hälfte Juli und tritt besonders an Stellen auf, wo Samenrüben cultivirt wurden. Anfangs scheinen die Blätter etwas von ihrer Saftigkeit verloren zu haben; der Blattstiel wird nachgiebiger und die Spitze der Blattfläche neigt sich zu Boden. Zugleich machen sich grüne und weisse Flecken bemerkbar. Der Farbenunterschied zwischen den weissen und grünen Flecken wird immer weniger deutlich, stellenweise werden die Flecken gelblich; das Blatt trocknet schliesslich ab und erhält eine Farbe, die zwischen gelb und grau variirt. Bei stark angegriffenen Rübenpflanzen hört die Entwicklung der Wurzel auf, und wenn auch der Zuckergehalt normal bleibt, so kann doch der Gesammtverlust 50% der Ernte erreichen. Verwendet man zu Samenrüben kranke, vom vergangenen Jahr herrührende Rüben, so zeigen die entwickelten Blätter die ganzen erwähnten pathologischen Merkmale, doch schreitet die Pflanze in ihrer Entwicklung weiter.

Stoklasa hat beobachtet, dass eine übermässige Dürre des Bodens mit undurchlässigem Untergrund die frühzeitige Gelbfärbung der Zuckerrübenblätter hervorruft. Es entstanden gelbgrüne Flecken, welche sich später gelb färbten und über das ganze Blatt ausbreiteten. Das Blatt welkte und starb bald sammt dem Stengel ab. Nach der mikroskopischen Untersuchung enthielten die Pallisadenzellen der Blätter nur eine sehr geringe Anzahl von Chlorophyllkörnern, während das Xanthophyll in einer überraschenden Menge nachgewiesen werden konnte. Die Analyse der gelbgrünen Blätter ergab gegenüber den gesunden eine grosse Menge von in Wasser löslichen Oxalaten; es geht daraus hervor, dass die Menge der in Wasser löslichen Oxalate in den gelbgrünen Blättern eine ziemlich bedeutende Höhe erreicht hat, welche Erscheinung darauf hindeutet, dass in den betreffenden Fällen eine Assimilation des Kalkes sowie der übrigen Nährstoffe nicht in der gehörigen Weise stattgefunden hat. Die frühzeitige Gelbfärbung der Blätter kann entweder bei zu grosser Dürre oder bei übermässiger Feuchtigkeit eintreten und im letzteren Falle dann, wenn ein genügender Luftzutritt im Boden verhindert wird. Die zartesten Wurzelfasern befinden sich im Fäulnisszustand und ohne diese mit

den Wurzelhaaren ist die Wurzel der Zuckerrübe nicht mehr im
Stande, dem Pflanzenorganismus eine genügende Menge anorganischer
Nährstoffe zuzuführen. Die Pflanze reift zu früh und das Blatt welkt
und stirbt ab. Derartige Rübenwurzeln zeichnen sich immer durch
geringes Gewicht und eine mindere Qualität gegenüber normalen
Rüben aus.

2. Die Ausbreitung der Krankheit.

Diese Krankheit wurde bis jetzt besonders in Frankreich beobachtet, und hat nach der Mittheilung von Troude speciell im Jahre 1895
in Nordfrankreich grosse Verbreitung gefunden. Auch Prillieux und
Delacroix beobachteten die Krankheit in Frankreich schon seit mehreren Jahren und meinen, dass dieselbe früher nicht beachtet wurde.
Nach Stoklasa's Beobachtungen zeigte sich die Krankheit im Juli
1897 in vielen Rübengegenden Böhmens. Briem hat nach mündlichen
Mittheilungen auch im Jahre 1899 die Krankheit in geringer Ausdehnung in Böhmen beobachtet. Nach meinen Beobachtungen ist die
Krankheit auch in Ungarn aufgetreten, jedoch nur sehr vereinzelt und
ohne Schaden für die Pflanzen, und hat man überhaupt von derselben
dort noch sehr wenig gehört.

3. Die Entstehung der Krankheit.

Nach den Untersuchungen von Prillieux und Delacroix sieht
man unter dem Mikroskop in den kranken entfärbten Zellen sehr zahlreiche kurze und tonnenartige Bacterien rasch in der Zellenflüssigkeit
wirbeln. Die Chlorophyllkörper entfärben sich und ihre Contour wird
undeutlicher. Die Körnchen zeigen stärkere Lichtbrechung und sind
sichtbarer als im gesunden Zustande. Bei angegriffenen Samenrüben
findet man die Bacterien nicht nur in den Blättern, sondern auch im
Blüthenkelch selbst. Es ist also zu vermuthen, dass diese Bacterien
wahrscheinlich als Sporen in dem vom Kelch eingeschlossenen Blüthen-
knäuelchen, welches man dann als Rübensamen bezeichnet, weiter
bestehen.

Prillieux und Delacroix haben mit diesen Bacterien Impfversuche angestellt und es zeigten auch die geimpften Pflanzen sehr
deutlich die Zeichen dieser Krankheit. Blätter, welche infolge dieser
Krankheit abtrockneten, haben im folgenden Jahre die Krankheit auf
junge Rübenpflanzen übertragen. Rüben von demselben Samen, welche
in gesunden Boden eingesetzt waren, zeigten dagegen keine Spur von
dieser Krankheit.

Troude vermuthet, dass die Krankheit das Resultat physiologischer Veränderungen sei, welche durch äussere Einflüsse auf der
normal entwickelten Pflanze zur Entwicklung gelangen.

4. Die Bekämpfung der Krankheit.

Wenn die Ursache der Krankheit wirklich in der Thätigkeit von Bacterien liegen würde — was allerdings nur Prillieux und Delacroix behaupten und von anderer Seite noch nicht bestätigt wurde — dann wäre die Bekämpfung in der sorgfältigen Beseitigung der erkrankten Theile der Pflanze gegeben.

Troude konnte auf den erkrankten Pflanzen keine Spur von Pilzen nachweisen und vermuthet, wie hervorgehoben, dass äussere Factoren auf die Entstehung der Krankheit von Einfluss sind. Näher spricht er sich jedoch darüber nicht aus. Die Krankheit ist überhaupt noch zu wenig studirt, ihre Entstehung keineswegs überzeugend klargelegt, so dass von Bekämpfungsmassregeln kaum noch gesprochen werden kann. Die Krankheit hat sich bis jetzt, soweit Mittheilungen vorliegen, in Oesterreich-Ungarn und Deutschland zumeist sehr wenig und nur vereinzelt gezeigt, so dass wohl keine Ursache zur Besorgniss vorliegt. Sollte sie jedoch stärker auftreten, dann kann jedenfalls die Beseitigung der kranken Blätter nur nützen.

XIV. Die Weissblättrigkeit (Albicatio) der Zuckerrübe.

(Tafel XVI.)

1. Aussehen und Verlauf der Krankheit.

Alljährlich trifft man auf grösseren Complexen rübenbebauten Landes einzelne Exemplare von Zuckerrüben, welche weissgefleckte Blätter aufweisen, ja manchmal ist bei solchen Blättern das Weisse derart vorherrschend, dass die grössere Hälfte weiss, die kleinere grün erscheint; wenn auch aber beinahe die ganze Blattfläche weiss wird, so zeigen sich doch zumeist noch am Rand solcher Blätter einzelne grüne Flecken, die aber auch schon etwas bleich gefärbt erscheinen.

Im Uebrigen variirt diese Erscheinung in sehr verschiedener Weise und trifft man, wenn die Krankheit in grösserem Massstabe auftritt, die verschiedenartigsten Formen. Sind z. B. die Blätter nur an einzelnen Stellen weiss und ist der grössere Theil der Blattoberfläche normal grün gefärbt, so erscheinen die weissen Flecke gespannt, während die grünen Theile runzelig und aufgebauscht aussehen, als ob der dem grünen Theil zugewiesene Oberflächenraum zu klein wäre. Manchmal sind jedoch umgekehrt die weissen Flecken wellig und runzelig, während die grünen Theile des Blattes ziemlich gespannt aussehen. Jedenfalls ist die äussere Erscheinung der Krankheit ziemlich verschieden. Die Blätter einer Rübe werden in verschiedenstem Masse von der Krankheit befallen; es finden sich theils fleckige, theils halb- und dreiviertelweisse Blätter vor; höchst selten sind alle Blätter vollständig weiss.

Briem fand vor Jahren bei der Untersuchung des Blättermateriales einer und derselben Rübe (exclusive der Stengel und Rippen) folgende Zahlen:

	im weissen Theil	im grünen Theil
Wasser	88·92°/₀	85·23°/₀
Organische Substanz	8·92°/₀	11·15°/₀
Asche	2·16°/₀	3·62°/₀

Aus diesen Zahlen ist zu ersehen, dass die grünen normalen Theile einen grösseren Procentsatz an Trockensubstanz und Asche aufweisen, als dies bei den weissen Theilen solcher Blätter der Fall ist, daher die weissblättrigen Theile einen höheren Wassergehalt besitzen.

Die Vererblichkeit der Albicatio ist bei anderen Pflanzen nachgewiesen und für die Zuckerrübe liegen diesbezüglich Versuche von E. v. Proskowetz jun. vor, welcher gefunden hat, dass die Albicatio bei dieser Pflanze eine jener Eigenschaften ist, welche in einem gewissen geringen Grade durch den Samen vererblich erscheint.

Dass aber die Vererblichkeit keine intensive sein kann, liegt schon darin, dass bei Potenzirung dieses Schwächezustandes die Individuen immer schwächer und schwächer werden und schliesslich exterminirt würden.

Nach v. Proskowetz' jun. Erfahrungen tritt die Albicatio bei der Runkelrübe sowohl im ersten als im zweiten Wachsthumsjahre, meist aber nur sporadisch auf. Die samentragenden Albinos sind besonders auffällig und entgehen dem Beobachter selten. Die weissen und weisslichen Blätter sind nach oben eingerollt, am Rande der Spreite oft welk. Es herrschen also andere Gewebespannungen als bei den normal grünen Blättern vor, deren Spreitenrand mehr die Tendenz hat, überzufallen.

Im Allgemeinen sind die albicaten Blätter meist kleiner und von kürzerer Lebensdauer. Die verschiedene Gewebespannung ist namentlich bei kleineren Blättern gut zu verfolgen, nachdem dieselben meist sichelförmig gebogen sind. Die grüne Seite ist die breitere, convexe, die albicate die schmale, concave. Die entleerten Staubgefässe sehen, sind sie albicat, schwärzlich, sind sie normal, gründlich gelb aus. Alles ist kurzlebiger, weniger robust. Die weisse Färbung tritt öfters an den Rändern der Spreite auf, während die Mittelrippe meistens und am längsten grün bleibt. So haben auch die Perigonzipfel trotz weisser Färbung aussen am Kiel einen grünlichen Streifen. Sitzen an derselben Achse albicate und grüne Blüthen, so ist, etwa der Blattstellung entsprechend, keine Regel aufzufinden. Die Spitzen der Achsen sind oft ganz weiss, oft wieder ganz grün. Die Färbung der Blüthen entspricht durchaus jener der bezüglichen Herzblätter. Sind diese z. B. halbseitig hell, so sind auch die Blüthen nur halbseitig albicat. Bei der Reife sind die albicaten Blätter — trocken — auch noch lichter. Die Farbe variirt in den verschiedenen Uebergängen vom reinen Weiss bis zum Gelbgrün. Kurz, es bestehen die weitestgehenden Verschiedenheiten. Nicht zu verkennen ist ferner auch die sehr ungleiche Reife der albicaten Blüthen, bezw. Knäuel.

Diejenigen Theile des Rübenblattes, welche normal gefärbt, also tiefgrün sind, enthalten in allen Zellen des Mesophylls Chlorophyll; die vollständig weissen entbehren des Chlorophylls vollständig, den Uebergangsflecken fehlt dasselbe in mehreren Zellenlagen, bald unter der oberen, bald unter der unteren Epidermis.

Ob die weissen Flecken ursprünglich grün gewesen sind oder, mit anderen Worten, ob im Bereich der weissen Stellen das Chlorophyll nachträglich verschwunden ist, ist eine Frage, die — bei der Zuckerrübe wenigstens — noch nicht klar entschieden ist. Soweit die Albicatio bei anderen Pflanzen beobachtet wurde, sind die weissen Flecken schon in dem ganz jungen Blatt angedeutet. Bei der Zuckerrübe findet sich an jüngeren Blättern nur selten die Erscheinung der Weissblättrigkeit. Ich habe Rüben in ihrer Vegetation beobachtet, die in der Jugend ganz normal grün gefärbte Blätter zeigten und doch später die Weissblättrigkeit in ganz bedeutender Weise aufwiesen. In Ungarn fand ich vor fünf Jahren ein Feld, welches durch die Weissblättrigkeit der Rübenblätter in besonderem Masse auffällig war. Hier konnte man diese Erscheinung in den verschiedensten Arten studiren; manche Blätter waren beinahe ganz weiss mit nur wenig grünen Stellen, andere sahen weissgrün gesprenkelt aus und trotz der bedeutenden Ausdehnung dieser Erscheinung war an den jungen Blättern ursprünglich keine auffallende Verfärbung zu beobachten gewesen. Auffallendere Verfärbungen traten erst gegen Eintritt des Sommers auf und war dies umso auffallender, als die Nachbarfelder von dieser Erscheinung vollständig verschont blieben und die Blätter während der ganzen Vegetationsperiode ihre normale Farbe aufwiesen. Auch v. Proskowetz jun. konnte trotz eifriger Beobachtung an jüngeren Rüben nur selten albicate Blätter beobachten und traten diese Blätter erst später im Laufe des Sommers auf.

2. Die Ausbreitung der Krankheit.

Die Krankheit ist eine nicht unhäufig zu beobachtende Erscheinung, und habe ich sie in Ungarn wiederholt beobachtet. In manchen Jahren ist das Auftreten ein grösseres und habe ich wieder speciell in Ungarn im Jahre 1895, und zwar in nordwestlichen Theilen dieses Landes, viele Zuckerrübenfelder gesehen, welche die Weissblättrigkeit in mehr oder minder starkem Masse zeigten. In manchen Jahren ist wieder von dieser Erscheinung wenig zu sehen. Ueber die Ausbreitung der Krankheit liegen übrigens auch keine Mittheilungen in der Literatur vor.

3. Die Entstehung der Krankheit.

Bezüglich der Entstehung der Weissblättrigkeit im Allgemeinen äusserte sich Sorauer seinerzeit in folgender Weise: „Bei der mit Stickstoff reichlich ernährten Blattzelle ist soviel Plasma vorhanden, dass nicht nur das Material zum Aufbau der Zellwand geliefert werden kann, sondern auch noch reichlich die schwammartigen Chlorophyllkörner erzeugt werden können. Wird die Zufuhr zur jungen Zelle zu früh abgeschnitten, indem das das Protoplasma vermehrende Material zu spärlich zufliesst und die Zellwand zu früh alt wird, so hat die Zelle nur den ersten Theil ihrer Arbeit, die Ausbildung der Wand, thun können, und sie hat nichts erübrigt, um die Apparate für den Reductionsprocess und die Vermehrung der Trockensubstanz herzustellen und zu erhalten. Infolge dessen ist und bleibt der Pflanzentheil arm an Reservestoffen; sein Zellsaft zeigt nur eine geringe Concentration.“

Sorauer äussert sich auch weiter dahin, dass die Krankheit manchmal auffällig auftritt, und zum überwiegenden Theil oft eine pathologische wird. Beschränkung der Nahrungszufuhr unter dem Zusammenwirken bestimmter Temperatur- und Beleuchtungsverhältnisse scheinen die veranlassenden Ursachen dieses Schwächezustandes zu sein, und es wird diese Hemmungsbildung u. A. dahin erklärt, dass ein früher Reifezustand des Blattes eine Anzahl Gewebezellen hindert, sich mit dem zur Chlorophyllbildung nöthigen Material zu versehen.

4. Die Bekämpfung der Krankheit.

Gegenmassregeln gegen diesen eigenthümlichen Schwächezustand der Rübe sind nicht bekannt und dürften sich auch nicht so leicht finden lassen. Der Einfluss des Samens, die Qualität des Bodens und der Düngerzustand desselben dürften hier keine Rolle spielen, nachdem es sonst nicht möglich wäre, dass auf einem und demselben Felde, bei Verwendung desselben Samens einzelne Zuckerrüben diese Krankheitserscheinung zeigen, die überwiegende Masse jedoch nicht. Im Uebrigen ist auch diese Blattverfärbung eine mehr oder weniger harmlose Erscheinung, die zu Bekämpfungsmassregeln noch keinen Anlass gegeben hat.

Der Wurzelbrand.

Rübe in Erholung begriffen.

Schwer erkrankt, im Absterben begriffen

A. Stift. Krankheiten der Zuckerrübe

TAFEL II.

Dauerwurzelbrand.

Bakteriose oder
Rübenschwanzfäule.

Herz- und Trockenfäule.

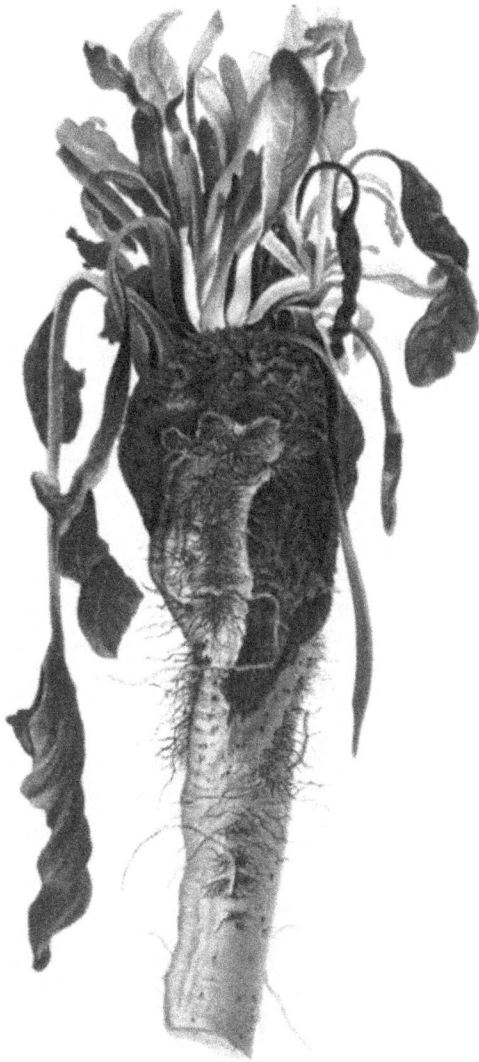

Herz- und Trockenfäule.

Durchschnitt einer an Trockenfäule erkrankten Rübe.

Durchschnitt einer an der Bakteriose oder Rüben-schwanzfäule erkrankten Rübe.

Rübenschorf.

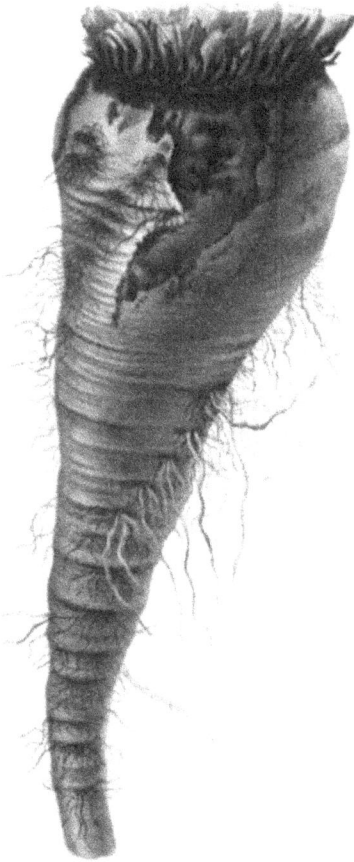

Rübe schwach erkrankt.   Rübe stärker erkrankt.

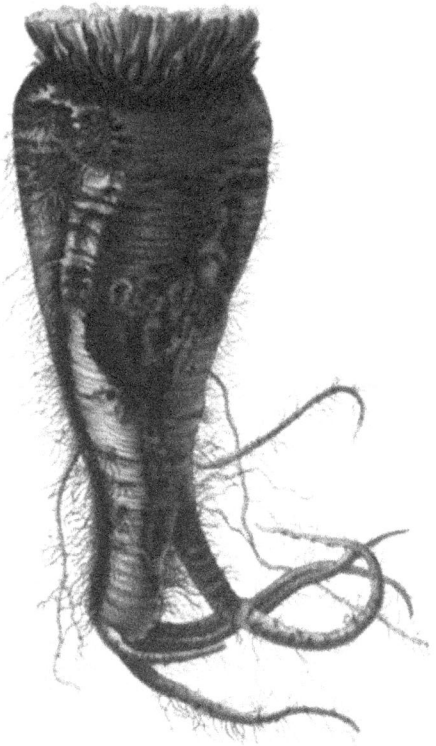

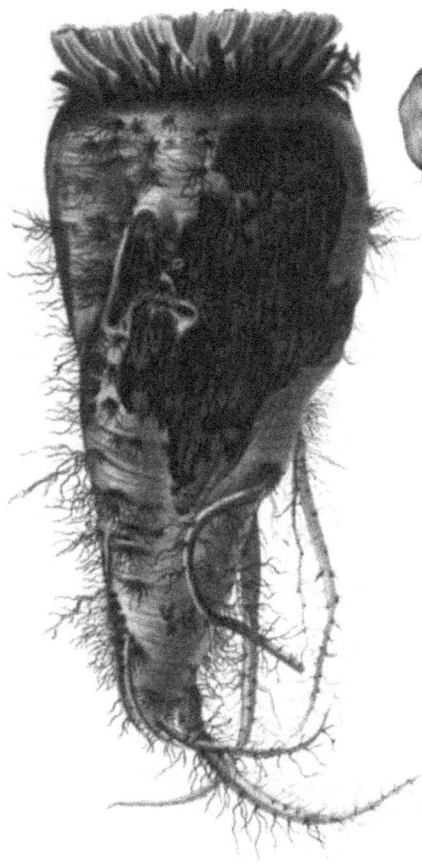

Rübenschorf.　　　　　　Gürtelschorf.

Krankheit stark ausgebildet.

A. Stift. Krankheiten der Zuckerrübe.

Der Wurzeltödter der Rübe.

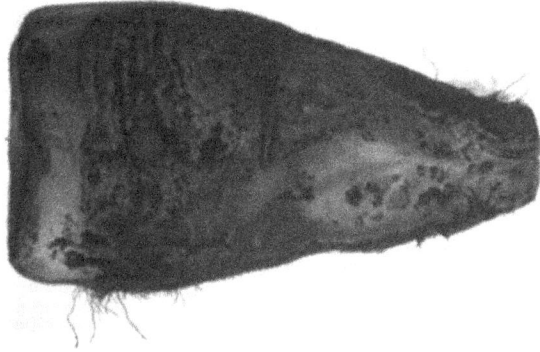

Krankheit am untern Theile der
Wurzel stark entwickelt.

Rübenkörper vollständig
verjaucht.

Der Wurzeltödter der Rübe.

Krankheit in anderer   Krankheit in milder Form
Form auftretend.   auftretend.

Der Wurzelkropf.

Rübe mit
3 Kröpfen.

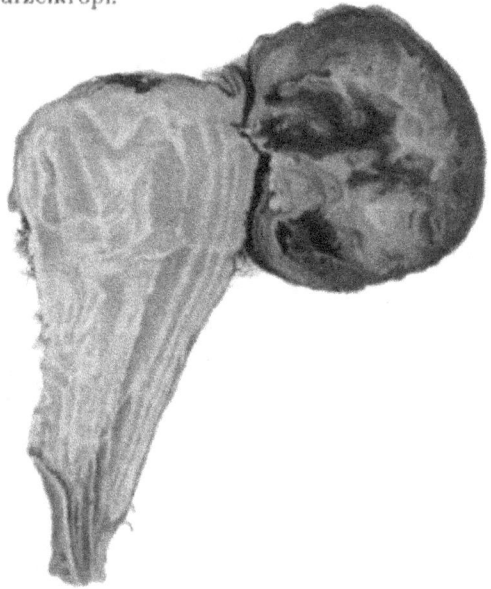

Durchschnitt einer Wurzelkropfrübe.

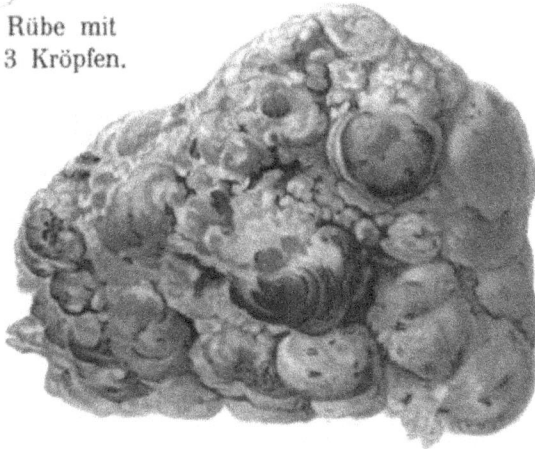

Wurzelkropf allein, 1·5 kg schwer.

Der falsche Mehlthau oder die Kräuselkrankheit
der Blätter.

Peronospora Schachtii Fuckel.

Der Rübenrost.
Uromyces Betae Tul.

Die Blattfleckenkrankheit der Zuckerrübe.
Cercospora beticola Sacc.

Die Krankheit auf jungem
Rübenblatt in Entwicklung
begriffen.

Die Krankheit in vollster
Entwicklung.

TAFEL XIV.

A. Süß Krankheiten der Zuckerrübe.

Die Blattbräune.
Sporidesmium
putrefaciens Fuckel.

Die Blattfleckenkrankheit der Zuckerrübe.
Cercospora beticola Sacc.

Rübenblatt vollständig abgestorben.

Die Gelbfärbung der Zuckerrübenblätter.

Die Weissblättrigkeit der Zuckerrübe.

www.ingramcontent.com/pod-product-compliance
Lightning Source LLC
Chambersburg PA
CBHW021714210326
41599CB00013B/1645